全国服装工程专业（技术类）精品图书
纺织服装高等教育"十三五"部委级规划教材

服饰图案设计

FUSHI TU'AN SHEJI

主编/燕平　　副主编/陈国强 吴国辉 曹玉珍 于红梅

东华大学出版社·上海

内 容 提 要

本书系统地介绍了服饰图案的基本概念、种类、特点，结构造型元素的表现方法、创意设计的素材收集、设计创新及表现方法，并配以大量传统、民族、时尚图案实例。本书在编写过程中既注重理论的系统性、完整性、科学性，又注重实践的实用性和可行性，通过理论与实践、技术与艺术相结合，突出了图案对服饰的极大装饰性。本书可作为各高等院校相关专业的课程教材，也可以作为图案设计爱好者的工具书。

图书在版编目（ＣＩＰ）数据

服饰图案设计/燕平主编；陈国强等编著. —上海：
东华大学出版社，2014.9
ISBN 978-7-5669-0589-5

Ⅰ．①服… Ⅱ．①燕… ②陈… Ⅲ．①服饰图案－图
案设计－高等学校－教材 Ⅳ．①TS941.2

中国版本图书馆CIP数据核字（2014）第185585号

责任编辑：马文娟
责编助理：李伟伟
封面设计：潘志远

服饰图案设计

主　　　编：燕　平
副　主　编：陈国强　吴国辉　曹玉珍　于红梅
出　　　版：东华大学出版社（上海市延安西路1882号）
邮　政　编　码：200051　电话：（021）62193056
出版社网址：http://www.dhupress.net
天猫旗舰店：http://dhdx.tmall.com
发　　　行：新华书店上海发行所发行
印　　　刷：上海龙腾印务有限公司
开　　　本：787mm×1092mm　1/16　印张：8.5
字　　　数：292千字
版　　　次：2014年9月第1版
印　　　次：2019年4月第4次印刷
书　　　号：ISBN 978-7-5669-0589-5
定　　　价：39.00元

全国服装工程专业（技术类）精品图书编委会

郑小飞　杭州职业技术学院达利女装学院
侯东昱　河北科技大学纺织服装学院
高亦文　河南工程学院服装学院
吴　俊　华南农业大学艺术学院
闵　悦　江西服装学院服装设计分院
陈东升　闽江学院服装与艺术工程学院
杨佑国　南通大学纺织服装学院
史　慧　内蒙古工业大学轻工与纺织学院
孙　奕　山东工艺美术学院服装学院
王　婧　山东理工大学鲁泰纺织服装学院
朱琴娟　绍兴文理学院纺织服装学院
康　强　陕西工业职业技术学院服装艺术学院
苗　育　沈阳航空航天大学设计艺术学院
李晓蓉　四川大学轻纺与食品学院
傅菊芬　苏州大学应用技术学院
周　琴　苏州工艺美术职业技术学院服装工程系
王海燕　苏州经贸职业技术学院艺术系
王　允　泰山学院服装系
吴改红　太原理工大学轻纺工程与美术学院
陈明艳　温州大学美术与设计学院
吴国智　温州职业技术学院轻工系
吴秋英　五邑大学纺织服装学院
穆　红　无锡工艺职业技术学院服装工程系
肖爱民　新疆大学艺术设计学院
蒋红英　厦门理工学院设计艺术系
张福良　浙江纺织服装职业技术学院服装学院
鲍卫君　浙江理工大学服装学院
金蔚苙　浙江科技学院艺术分院
黄玉冰　浙江农林大学艺术设计学院
陈　洁　中国美术学院上海设计学院
刘冠斌　湖南工程学院纺织服装学院
李月丽　盐城纺织职业技术学院
徐　仂　江西师范大学科技学院
金　丽　中国服装设计师协会技术委员会

前　言

图案，是指设计者根据对象、用途、造型、材料及工艺等手法用图的形式表现出来的一种设计方案，又被广泛称之为纹样。

服饰图案，是针对或应用于实用性和装饰性完美结合的衣着用品的装饰图案。服饰图案是在人类利用自然的生产实践活动中产生的，随着社会化生产的发展和科学技术的进步，服饰图案从面料本身的图案到服饰图案的组织、构成等都成为服饰设计中不可忽视的重要内容，服饰图案是服饰设计的灵感来源之一，其通过广泛收集各类图案素材，在运用过程中使之既符合设计的主题需要，又能恰到好处地表达设计者的设计意图、设计构思及审美情趣。

本书力求在广泛提供各类图案素材的同时，更注重对图案的创新与应用设计，通过分析图案特点、形态、结构、造型元素，创意设计的素材收集，图案的设计与创新及常用图案表现方法，应用实例及赏析等，系统全面地介绍了服饰图案的设计与运用，特别注重其设计与创新的表现方法，强调艺术性与技术性的结合，强化技术性的实践表现。本书附有大量插图，形象地表现出服饰图案的作用，通过实例与赏析，全方位展示服饰图案，为现代服饰设计提供了参考与依据。

本书由江西服装学院燕平教授主编，其中第二章、第三章由江西服装学院陈国强老师编写，第一章第一节、第三节及第四章由江西服装学院于红梅老师编写，第五章由江西服装学院吴国辉老师编写，第一章第二节、第六章由南昌理工学院曹玉珍老师编写，全书由燕平教授整理统稿。由于时间仓促，编写过程中难免有疏漏及不尽人意之处，敬请广大读者指正，为后期修改。

编　者

目　录

第一章

服饰图案概论

课程名称

服饰图案概论

课程内容

服饰图案种类及特点

服饰图案基本形态

服饰图案作用与意义

上课时数

6 课时

训练目的

熟悉动植物图案、人物图案、几何图案、变异图案的特点,特别是对于服饰图案的历史传承性、文化内涵特点有所了解;以动植物、人物、几何图案的设计创作类比探讨,掌握服饰图案的设计与创作的思路与方法;明确服饰图案在服饰中的作用及其意义。

教学要求

1. 使学习者熟悉植物图案、人物图案、几何图案、变异图案的特点

2. 使学习者深谙图案对服饰的作用与意义

3. 学习者既能立足于服饰图案的运用产生审美价值,又能理性地进行个性化表现

课前准备

拍摄或去图书馆收集构图完整、色彩唯美的动植物、人物、几何等图片,并选择有相似特征的进行分类。

第一节　服饰图案种类及特点

　　什么是图案？不妨从人们的日常生活中寻找答案。人们的衣食住行无时无刻不与图案有着联系，如服饰上的刺绣图案、盘碟上的装饰图案、玻璃杯上的卡通形象等。图案相对于绘画来说造型空间较小，内容的连贯性不强、表现手法更丰富、色彩更具装饰性……因此，图案的内容丰富多彩、图案的形式变化多端。

　　图案与服饰图案之间的关系是共性与个性的关系。如果说前面所述图案的内容带有普遍意义，那么服饰图案则是针对服饰这一实践对象解决具体问题的。服饰图案有着自己特定的装饰对象、用途范围和特殊的工艺制作手段及表现方法。学习服饰图案应以了解图案的一般法则和基本知识为起点，逐步进入对服饰图案特殊规律、专业知识和技能的掌握。

一、服饰图案的种类

　　图案的分类与特点是根据诸方面的性质，从不同的角度进行分类归纳而命名的。目的是为了让不同的对象能够方便地找到所需要的内容。由于图案与人们的物质生产和日常生活有着密切的关系，因此，图案包括的内容是广泛的，应用面也是广泛的，这就需要图案目录有比较细的划分。图1-1为喜鹊剪纸图案，根据材料和制作，可以归入"剪纸图案"；根据表现的内容，可以归入"动物图案"和"鸟类图案"；根据具有的象征寓意，可以归入"吉祥图案"；根据它的创作来源，可以归入"民间图案"。

（一）图案的分类

图1-1　喜鹊剪纸图案

　　图案的分类所涉及的领域非常广泛，衣、食、住、行、用无所不包。由于其服务对象不同且应用领域各异，所以我们不可能仅从一个角度来概括。图案的分类应该是多角度、多层次的，就一般情况而言，图案可有以下分类。

1. 从应用角度分类

　　可将图案分为纺织品图案、建筑图案、服饰图案、家具图案、漆器图案、装潢图案、广告图案等（图1-2）。

2. 从构成形式分类

　　可将图案分为单独式图案、连续式图案和群合式图案（图1-3）。

图1-2　从应用角度分类的图案

（1）单独式图案

指能够独立存在而且具有完整感的图案，它是独立用于装饰、与四周没有连续的装饰主体。单独图案可分为自由式和适合式两种。

（2）连续式图案

指运用一个单位图案（由一个或几个装饰元素组成）按照一定的规律进行循环反复地排列所构成的图案形式。它可分为二方连续和四方连续两种。

（3）群合式图案

指由许多相同或相近或不同的形象无规律地组成的带状或面状图案，可以任意延展，也可按需要随时停止。

3. 从存在形式分类

可将图案分为平面图案、立体图案、平面用于立体的图案（图1-4）。

（1）平面图案

相对立体图案而言，指一切应

图1-3　从构成形式分类的图案

图1-4 从存在形式分类的图案

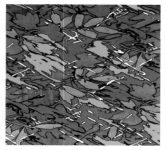

图1-5 从造型意匠分类的图案

用于平面对象的美术设计或模拟练习，它的表现形式是二维的，纺织、刺绣、印染、印刷、广告招贴、商标、壁画等的图案都可称作平面图案。平面图案侧重于构图、形象、色彩及材料、工艺的研究和设计。

（2）立体图案

指针对一切立体形态的美化造型设计，其表现形式是三维的，如陶瓷造型设计、家具设计、日用器皿设计、室内外环境设计等。由于立体图案表现对象的三维性，所以它往往还包括结构图、三视图等内容。立体图案侧重于立体造型及结构的研究和设计。

（3）平面用于立体的图案

一般指立体造型的表面装饰，如服饰图案、建筑图案、家具图案、各类器皿装饰图案等。这类图案范围相当广泛，它是平面与立体的结合，是平面图案的立体表现，主要侧重于解决图案与立体造型之间的适应与协调问题。

4. 从造型意匠分类

可将图案分为具象图案和抽象图案（图1-5）。

（1）具象图案

具有较完整的具体形象（模拟自然形或人造形）的图案。它分为写实和写意两类，写实类图案形象的塑造偏重于原有形态特征的如实描绘；写意类图案则偏重于表现形象的神韵和设计者的意趣，在形象的塑造上对原来形态有较大改变，但不失其主要特点。

（2）抽象图案

由非具象形象组成的图案。它可分为几何形与随意形两类，几何形图案即运用规矩的点、线、面以及各类几何形组合成的图案，其构成形式呈明显的规律性或具有严格的几何骨架；随意形图案即以不规则的点、线、面或自然形象的分解重构，或以一些偶然形随意组合而成的具有审美价值的图案。

图案的分类方法多种多样，按中国传统表现工艺分为染织图案、青铜图案、壁画图案、建筑花饰图案；按用途分为吉祥图案、祭祀图案、专用图案；按地域分为印度图案、土耳其图案；按时代分为古代图案、现代图案；按内容分分为动植物图案、人物图案、几何图案、变异图案；按功能分为标志图案、服饰图案、黑板报图案等（图1-6）。

（二）服饰图案的分类

服饰之意为衣着、穿戴和衣服的装饰。服饰图案，顾名思义即针对或应用于服饰及配饰、附件的装饰设计和装饰图案。从具体的意义上讲，服饰图案与服饰设计是有区别的。前者侧重于服饰的装饰、美化，要求从属于既定的服饰；后者虽也离不开审美，但其面对的是人，更侧重于围绕"人体"这一中心对服饰的总体进行规划，

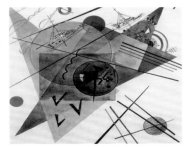

图1-6　各类图案

其中包括结构、式样、用途的构想及实现的途径等。当然，从广泛的意义上讲，两者是相通的、密不可分的。服饰设计包括服饰图案，服饰图案服务服饰设计。服饰图案所涉及的范围相当广泛，如各种纺织面料、辅料的装饰设计，各种皮革、皮毛及棉几毛、丝、麻等织物面料的拼接设计，各种编织、抽纱、镂花服饰的花样结构设计以及各类附件、配件（如鞋帽、手套、围巾、腰带、手提包、钮扣、首饰、佩饰、挂件等）的装饰处理，凡是服饰和与服饰相联系的各种装饰均属服饰图案之列。由于服饰图案的范围很广，包括的内容甚为丰富，所以在分类上比较复杂，角度不同分类形式也各有所异。下面介绍最常见的几种（图1-7）。

1. 按空间形态分类

分为平面图案和立体图案。平面图案包括面料、件料的图案设计，服饰及附件、配件的平面装饰；立体图案主要包括立体花、蝴蝶结，各种有浮雕、立体效果的装饰及缀挂式装饰。

2. 按构成形式分类

分为点状服饰图案、线状服饰图案、面状服饰图案及综合式的服饰图案。

3. 按工艺制作分类

分为印染服饰图案、编织服饰图案、拼贴服饰图案、刺绣服饰图案、手绘服饰图案等。

4. 按装饰部位分类

分为领部图案、背部图案、袖口图案、前襟图案、下摆图案、裙边图案等。

5. 按装饰对象分类

按衣物的类型分为羊毛衫图案、T恤衫图案、旗袍图案等，或按着装者的类型分为男装图案、女装图案、童装图案等。

6. 按题材分类

分为现代题材、传统题材或西洋题材等，也可以分成抽象或具象服饰图案。

7. 按照内容分类

分为动植物图案、人物图案、几何图案、变异图案。

图1-7 服饰图案

服饰图案是一种运用在服饰设计中的装饰性与实用性相结合的艺术形式。其主要目的在于审美，服饰图案以服饰为载体体现审美价值。在本书中笔者将服饰图案按照内容分为动植物图案、人物图案、几何图案、变异图案（图1-8）。

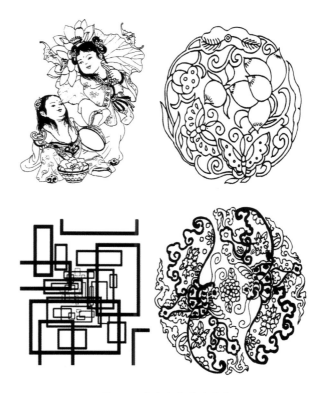

图1-8　按内容分类的图案

二、服饰图案的特点

服饰图案的特点主要包括艺术造型性、时代发展性以及文化象征性。

（一）艺术造型性

服饰图案的艺术造型特点大略可分为两类：一类是以自然形、人造物等客观存在的现实特点为依据的具象形；另一类是以几何形、随意形等为主体的抽象形。无论是具象图案还是抽象图案，都要经过从无到有、从粗到精、从朦胧的意向到完整的表现这一过程。

1. 造型意向

服饰图案具有很强的实用性和目的性，在塑造图案造型之初，就应明确造型意向和丰富造型依据，有十分清晰的造型意图和设计目标，一般服饰图案的造型意向有设计师的主观意向（即设计师自己的创意和理想）、来自装饰对象和实现途径的客观要求和条件的客观意向（如着装者的身份、情趣、着装场合等），以使服饰图案设计具有适应性和针对性。

主观意向与客观意向是相互关联、相互影响的。主观意向以客观意向为根据和参照，客观意向通过主观意向得以贯彻和实现，它们最终要在设计师的观念中获得统一。在服饰图案设计中，明确的意向为图案特点的塑造确立了方向和基础。

2. 造型依据

服饰图案造型依据的内涵十分广泛，它既包括人们常说的"特点素材"，又包括素材以外的许多东西。总括起来大致可分为三类（图1-9）。

（1）大千世界的客观物象

人物、风景、植物、动物，大到宇宙星辰，小到各种物象的局部甚至各种微生物、

图1-9 造型元素

矿物质的结晶、分子结构。

（2）社会时尚和各类人文事物

人造物、文字、细胞形态等；已有的各种符号、徽标、纹饰，其他姐妹艺术及社会热点、重大事件等。

（3）人的主观感受

设计师对外界事物的感受和纯粹的内心体验，如欢快、明朗、柔和、昏暗、低落等。

3. 造型特点

（1）动物图案的造型特点

动物的形态包括头、颈、躯干、下肢和尾五部分。动物图案塑造的重点是体型、比例、动态和神态。动物的体型可以分肥壮型、瘦巧型和中间型三种。肥壮型的动物有河马、象、熊、猪等；瘦巧型的动物有鹤、鹭鸶、鹿、长颈鹿等；中间型的动物有鸡、鸭、鹅、猴等。动物的比例是指头、颈、体、肢和尾之间的尺度。各种动物的比例关系不完全相同，有的动物头部较大，如狮子；有的动物颈部特别长，如长颈鹿；有的动物四肢比较长，如猴子；有的动物前肢短，后肢长，如袋鼠。动态有奔驰飞翔、跳跃、游动以及坐卧等。神态有天真、活泼、伶俐、威武、温顺、警觉等。动态与神态往往紧密相连。不同的动态能体现动物的特点，猴子喜欢跳跃，体现了活泼、天真的特点；熊猫动作比较缓慢，体现了憨厚、温顺的特点。

动物形象的塑造主要从动物的形态特征、动态特征和神态特征三方面入手。掌握形态特征的方法主要是观察、比较、体验和写生。有些动态瞬间即逝，则要运用记忆或速写的方法，也可辅之以摄影，捕捉最佳动态；只有长期积累，成竹在胸，才能运用自如（图1-10）。动物图案在服饰中的适用对象较为有限，一般多用于休闲装和童装。

（2）植物图案的造型特点

在服饰中，植物图案应用之广泛是其他任何图案都无法比拟的。服饰图案中的植物形象，其最大特点在于灵活性强和适应性广。

从组织结构上看，花型无论拆散还是组合都十分方便。对植物图案而言，丛花、枝花是完整的，花头、叶片甚至花瓣也是完整的，都可以在服饰上构成贴切的装饰形象。而且对花形进行各种"移花接木"式的处理，如删减添加或重新组合（花中套叶、叶中套花），都不会有怪异荒诞之嫌，都不会削弱或破坏花的一般结构特征和基本形象（图1-11）。

适用对象上看，从一般的便装到正规的礼服，从男人的领带到女人的披肩，从流行的外套到居家的睡衣，从鞋帽、手套到钮扣、挂饰……都能看到优美贴切的植物装饰。另外，服饰材料大多为经纬结构的纤维织物，植物图案的装饰结构对材料载体的物理组织结构也具有极好的适应性。植物图案在服饰中应用十分广泛，其形象有写实、变化、抽象之分，其装饰形式也多种多样，既有平面装饰、凹凸装饰（浅浮雕状），也有各种形态生动的立体花装饰（图1-12）。植物图案普遍用于女装、童装。

动、植物是自然界不可缺少的重

图1-10　动物图案

图1-11　植物图案（一）

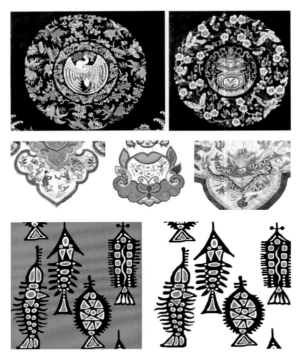

要组成部分，我们的生活及生活中的艺术产生都来源于自然界，现在人们工作越来越繁忙，与大自然、动物接触的时间越来越少了。设计者有义务让人们多点时间与身边的朋友见面。把动植物图案从内容、秩序上分为双主体和多主体，在图案结合上更体现了服饰的形式美感。

（3）人物图案的造型特点

从古至今，人物图案一直倍受人们欢迎，它有着其他图案所无法取代的魅力及独特的文化内涵和风格特征。人物图案被大量用在服饰上。常用的人物图案有"福禄寿喜""麒麟送子"等具有美好祝福的图案，它们取材于人们喜闻乐见的神话传说，与人们美好的祝愿相通。其艺术造型特点一般比

图1-12 植物图案（二）

较夸张，具有吉祥寓意，表达人们对美好事物的期盼之情（图1-13）。

服饰上的人物图案基本特点可分为两种：一是以各种变形手法塑造的人物；另一种是照片效果的各种电影剧照、明星肖像和绘画人物等。人的特点丰富多样，有性别差异、年龄差异、人种差异、相貌差异及高矮胖瘦的差异等。这些差异变化为塑造人物图案特点的外在结构提供了生动丰富的依据和素材。图案特点讲究概括、典型，所以在造型时应对人物的外在特征给予着意的刻画和强调。例如唐卡、西王母乘凤图刺绣、婴戏纹刺

图1-13 人物图案（一）

绣、八仙过海（人物皮影）、人物剪纸
图案等具有鲜明特点的人物图案（图
1-14）。

（4）抽象图案的造型特点

抽象图案主要为几何图案，作为
中国传统的主要装饰图案，是将各种
直线、曲线以及圆形、三角形、方形、
菱形等构成规则或不规则的几何图形
的装饰性图案。它是基于动物、植物、
图腾等对象，由其具象、写实演变来
的。其艺术造型特点表现为高度抽象、
概括化，体现了一种形式美的内涵，
如图1-15所示的传统几何图案、图
1-16所示的现代几何图案。

（5）变异图案的造型特点

变异图案是规律上的突破，在设
计中有意违反某些规律，使少数或
极少数元素与整体的秩序不一样，并
因此显得尤为突出，成为画面的焦
点，并打破画面原有的单调布局，得
到生动、活泼的视觉效果，一般有
形状的变异（图1-17）、大小的变异
（图1-18）、位置及方向的变异（图
1-19）。在设计中，除非特殊需要，
变异不能随意使用，变异必须在画面

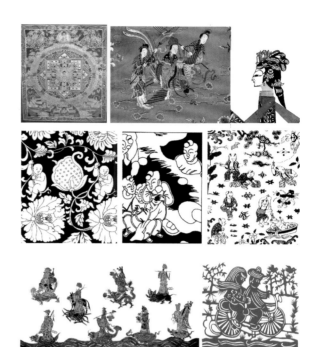

图1-14 人物图案（二）

图1-15 传统几何图案

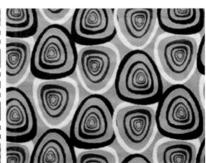

图1-16 现代几何图案

图1-17　变异图案（一）　　　　图1-18　变异图案（二）　　　　图1-19　变异图案（三）

内产生一定的效果，否则会毫无意义。在服饰上，要使装饰清晰，应掌握其主要特征，表现个性，变异构成的运用以少为宜，以巧为好。

（二）时代发展性

关于服饰图案的历史起源是难解之谜，多种观点并存，众说纷纭。

中国传统图案有着悠久的历史和辉煌的成就。图案在人类生活初期就已出现，它是人类生活中原始本能的再现，利用装饰语言来表达对美的追求和向往，其目的是使人更好地生存、更愉快地生活。随着时代的发展变迁，生活条件、生产方式的变化，人们对美的追求也在变化之中。几千年来，我国在不同历史时期创造了各个时代的生活制品及装饰品，这些制品不仅造型优美；而且与其构成一体的装饰图案风格各异、变化多样，既具有民族特色又具有不同的时代风格，充分显示了创造者的聪明才智及不同的风俗民情。了解和研究这些图案，继承其精华，不仅能提高设计者自身的修养和图案创作的水平，而且对民族传统文化的延续具有深远的意义。

1. 新石器时代图案

早在五六千年前的新石器时代，我们的祖先就在最原始且简陋的条件下创造了灿烂的彩陶工艺，彩陶艺术充分显示了先民们对美的向往与智慧，其简练的形式与丰富的内涵为后人的艺术创作提供了参考。它不仅在造型上，同时在纹饰上也取得了辉煌的成就。彩陶图案内容包括动物（鱼、鹿、蛙、羊、鸟等）、植物（花、叶、干等）、人物、几何形（日、月、水、火、星、雷、云、山等）等（图1-20）。

2. 商周时期图案

商、周两代是青铜器艺术的鼎盛时期，青铜器艺术所呈现的雄伟的造型、刚健的线条，以及那极富装饰美的神秘图案，闪烁着东方艺术特有的美；同时，它又是皇权贵族表示权力和等级的象征。这些使得这一时期的图案既有受压制感，又饱含巨大的精神力量。主要有几何图案和动物图案。

几何图案有云雷纹、方格纹、涡纹、乳丁纹、窃曲纹、环带纹、垂鳞纹等；动物图案有牛、马、羊、象等动物形象，亦有大量的饕餮、夔纹、龙纹、凤纹等想象动物。图案依形适合，通常采用对称格式，显得庄重威严。对称格式一直影响着中国图案的发展（图1-21）。

3. 春秋战国时期图案

在装饰图案上，题材推陈出新，并开始出现有故事情节的场景，动物、人物、几何纹饰、风景同时出现在一个图形中，增加了许多反映现实生活内容的日用器和工艺品，如金银器、漆器、玉器、刺绣品、丝织品等，注重装饰的同时，充分体现材料本身的美。

图案构成上体现了自由奔放的特点，左右对称、二方连续和四方连续的样式以及自由填充式都很多见，并注重空间层次感。以方圆结合的线和形构成了图案的基本特征，形成了一种自由活泼、形式丰富的多元化装饰风格（图1-22）。

4. 秦汉时期图案

秦代虽历时很短，但在统一体制和文化建树方面，却有着重要的历史作用。由于国家的统一，生产力得到了进一步的发展，经济的繁荣促进了

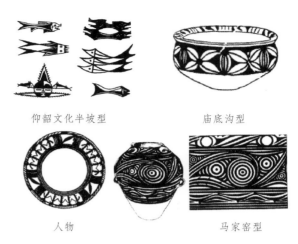

仰韶文化半坡型　　　　　　庙底沟型

人物　　　　　　　　马家窑型

图1-20　新石器时代图案

图1-21　商周时期图案

故事情节

自由活泼、形式丰富

二方连续

二方连续

图1-22　春秋战国时期图案

文化的进步，带动了手工业制作及装饰艺术的提高，出现了规模巨大、气势宏伟的工艺美术作品。反映在图案造型上充满了对现实生活的充分肯定、人对神的征服，具有深沉雄大的气魄。

强盛发达的汉代，工艺美术达到了前所未有的繁荣，这时菱纹、几何形的图案丰富多彩，图案有云气纹、涡卷纹、夔纹等。图案中有各种瑞兽祥鸟、花草鱼虫，其中如青龙、白虎、朱雀、玄武被称为"四灵"，汉时"四灵"作为吉祥和方位的象征，是装饰图案中的重要题材。汉代的图案不同于远古时的图腾艺术，也不同于商周的饕餮艺术，这时期的作品追求"神似"，并注重整体效果，形成了独特的风格。采用左右对称，强调四方八位，即汉代九宫格、米字格、太极图形的图案格局，格律严谨，把中国图案推向简练、严谨而又丰富的境界，使中国图案不断地推陈出新，百花齐放（图 1-23）。

图1-23　秦汉时期图案

图1-24　魏晋南北朝时期图案

5. 魏晋南北朝时期图案

魏晋南北朝时期战乱分裂，工农业生产受到严重影响，文化的发展也不平衡，生活清苦。反映在人们的精神领域，作为士人则是崇尚清淡、摒弃繁杂；而众多的民众，则是借佛教的意识作为精神寄托，因而此时期佛教盛行，一切工艺美术制作大都染上宗教色彩，产生了众多精美的佛像以及大量的浮雕彩绘等装饰图案。图案的内容主要是飞天、仙女、祥禽瑞兽，还有频繁出现的莲花图案和忍冬草图案。独幅式的装饰画形式占据主导，也有不少连续图案形式（图 1-24）。

6. 唐代时期图案

唐代是我国封建历史发展的高峰，国家出现了空前繁荣的局面，成为封建社会最为昌盛的时期。人民安居乐业，对外交流与贸易频繁，文化异常活跃，佛教文化也得到了进一步的发展，工艺美术获得全面的兴盛和繁荣。这一时期的图案丰富多彩，风格独特，其中以花鸟瑞兽纹为主要的装饰题材。由于思想解放、博采众长，使得唐代的装饰艺术更加丰富、富丽、华贵。鸟兽成双、左右对称、枝繁叶茂、花团锦簇，呈现出勃勃生机。

唐代图案种类更为多样，有盘龙、对凤、狮子、麒麟、天马、孔雀、鸳鸯、鹦鹉、团花、莲花、宝相花、折枝花、卷草等近百种。唐代的图案构成形式也十分丰富，有单独、散点、对称、旋转、放射、满花等，总之装饰上富丽堂皇、雍容华贵、题材丰富、结构饱满，其图案形成大气恢宏的唐风。

（1）宝相花

宝相花和莲花合为佛教常用的花。"宝相"二字是"佛相"的意思，它的花形是牡丹和莲花的合成，宝相花体现大慈大悲、亲切和善，它具有很强的形式感和程式化，花形丰满稳重，常用于佛教壁画和雕刻上的装饰。它除作单独完整的适合图案外，还经常以"一整二破"的构成形式用于二方连续图案（图1-25）。

（2）卷草

也称"唐草"图案，唐代南北朝时期在忍冬草图案的基础上发展起来的图案。不再是某一植物的单一形式，而是由多种花形所组合构成的丰富多彩的复合图案，如将牡丹、莲花、石榴花、葡萄等花果组合在一起，点缀一些鸟兽或仙女等形象。它以二方连续波式的带状图形出现，形象丰富、起伏跌宕，流畅而又有节奏，显示了勃勃生机（图1-26）。

（3）团花

是一种四周呈放射状或旋转式的圆形装饰图案。它分别由不同花果植物构成，或由花果、动物组合在一起，分对称和均衡两种形式，对称形式比较多见。

图1-25　宝相花

图1-26　卷草

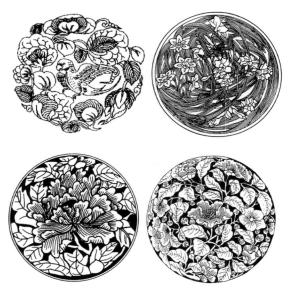

图1-27　团花

图1-28　折枝花

团花图形饱满均衡、内容丰富，虽以曲线为主，但布局均匀，结构轻重适宜，形成动静相生的效果。这种图案用途极为广泛，既可以以其独特的装饰形式直接用于某些器物，同时也可组合于二方连续、四方连续的形式之中，在藻井图案、佛光图案、织物图案、器皿装饰图案等均有出现（图1-27）。

（4）折枝花

即单独花卉图案，是中国传统图形中较为典型的装饰。它分对称与均衡两种构成形式，其特点是单纯、美观、自然，因此一直沿用至今。它可以独立运用，还可与云纹、飞鸟等组合成二方连续或四方连续图案，并产生优美、动人的效果（图1-28）。

7. 宋元时期图案

宋代装饰艺术成就最为辉煌的是陶瓷艺术，官窑和民窑争奇斗艳，出现了汝窑、官窑、定窑、钧窑、哥窑五大名窑，流派众多，制作技术高超，造型和装饰手法丰富多彩，作品达到了十分完美的艺术水平。宋代陶瓷端庄的造型、晶莹淡雅的色彩、清秀大方的图案装饰代表了这一时期文雅、凝重的艺术风格，这种艺术风格在中国早期陶瓷的粗犷与后期清代陶瓷的细腻风格之间获得了完美的平衡。在宋代图案中花卉是主要的装饰题材。其他如龙凤、鸳鸯、仙鹤、麒麟、鹿、鱼、婴戏等也是常见题材。图案面貌也有变革，宝相花演化为莲花。莲花造型已改变了往日的特殊造型，中国式的莲叶、莲花、莲子和莲根同时出现在画面上。而宋代的图案与当时文学作品的风格也遥相呼应。民窑瓷器出现的笔墨描绘的图案，如同书法一样有着墨意气韵（图1-29）。

（1）莲花

隋唐时期，莲花就作为图案用于装饰。宋代瓷器中的莲花图案，既有某些写实的成分，又显示了很强的艺术创造力，它单纯而又不单调，凝重而又不失活泼。宋瓷的图案很讲究线条的流畅，这种线条的刻画不仅体现于线，也体现于形。莲花的造型不局限于自然的造型结构，往往用类似忍冬草的植物作为补充和衬托，这样更能利于造型结构和空间布局的需要，也体现出了特有的单纯和清秀的风格，显示了装饰造型的多样性（图1-30）。

（2）牡丹花

牡丹图案在唐代就已被广泛应用，如在铜镜、金银器、丝织器等物品的装饰中都有存在，然而宋瓷中的牡丹图案却与以往有较大的不同，更加新颖别致：花头造型以侧面为主，有的接近自然，有的更具装饰性，也有的与莲花组合；叶子也有近似自然或装饰性强的区别。在制作上采用剔刻和绘制两种工艺，用这两种工艺生产的瓷器很有特色，图案是用黑色绘制在灰白的瓶、罐上，花卉造型大方、概括，白釉与铁釉黑的色彩对比强烈，具有质朴、典雅之美，画刻兼施的装饰手法更具有写意潇洒的神韵（图1-31）。

宋朝灭亡后元朝建立，重新统一了中国。装饰艺术上元朝也有不少新的创造，已不再以清秀、文雅的文人风格为时尚，装饰图案具有豪放、粗犷的艺术特色。

图1-29 宋元时期图案

图1-30 莲花

图1-31 牡丹花

　　花卉图案作为主要装饰内容在元朝的不同工艺品中所发挥的作用是显而易见的，这一时期的花卉图案在形态结构上比较细腻、具体、多变且和谐，充分体现了变化与统一这一美的规律（图1-32）。

图1-32 宋元时期图案

8. 明清时期图案

　　明代是我国工艺美术全面发展的强盛时期。陶瓷生产以景德镇为中心，青花、五彩、斗彩、颜色釉都取得了很高的成就；金属工艺中出现了金碧辉煌的景泰蓝，色泽多样的宣德炉；明式家具以造型、用料以及制作精巧，成为古典家具的典范；织锦以缠枝花、散点等为特色，雍容大方、气势宏伟。明代图案有继承，也有发展，云龙花草图案甚是流行，而花草受绘画影响，有"岁寒三友"——松、竹、梅、"四君子"——梅、兰、竹、菊等。另外，图案多吉祥博古纹、几何文字纹，出现了"图必有意，意必吉祥"的艺术思潮（图1-33）。

清代的工艺美术图案，以纤巧、华美著称（图1-34）。品种丰富多彩，形成了不同的地方特色，但清代工艺过于重技巧、求堆饰，存有繁琐的弊病。清代图案承明代样式，更倾心吉祥图案，另外，此时外来图案进入中国，但与传统图案没有很好地融会贯通，有弄巧成拙之感。

图1-33　明清时期图案（一）

（三）文化象征性

艺术源自于生活，在漫长的生产劳动与社会演变中形成了中国传统图案艺术。其本质的主题显露着直接浓重的生命光彩，生存、生殖与繁衍，是求祥纳吉的根本所在。天人合一、混沌阴阳、象征隐喻，这些都是传统文化惯用的思维方式和想象逻辑（图1-35）。

1. 吉祥图案的形成与文化内涵

（1）自然崇拜

民间吉祥艺术图形，一方面作为原始宗教意识中对自然神灵敬畏、恐惧心理的衍生物；另一方面它是一定社会化生存形态中驱邪、避凶、纳吉的主观意识的产物。

（2）图腾崇拜

图腾崇拜亦称图腾信仰，是原始思维方式之一。原始的图腾观念作为史前人类萌生的第一自我意识，深刻影响了民族群体的生存方式和文化模式。

（3）生殖崇拜

生存与繁衍是整个民间艺术的生命主题。在阴阳交互、化生万物，

图1-34　明清时期图案（二）

图1-35　传统吉祥图案

生命永生不息的民族古老生命观基础上，民间吉祥艺术形成自己通达乐观、喜庆吉祥的文化感情特征。吉祥图形"三多"的文化内涵是多子、多福、多寿。

2. 中西方经典图案服饰的文化内涵特点

（1）中国传统祥瑞图案

中国是衣冠之国，自古以来不但讲究服饰款式的气韵生动、服饰面料的精湛工艺，更讲究服饰图案的文化内涵。祥瑞图案就是最为常用的一种，其非常强调内容与形式的寓意性。沿用至今的主要有以下几种。

① 龙纹：龙的形象集中了许多动物的特点：鹿的角、牛的头、蟒的身、鱼的鳞、鹰的爪。口角旁有须髯，额下有珠，它能巨能细，能幽能明，能兴云作雨，降伏妖魔，是英勇、权威和尊贵的象征。为此又被历代皇室所御用，帝王自称为"真龙天子"，以取得臣民的信奉。现在中国民间仍把龙看作是神圣、吉祥、吉庆之物。龙以它英勇、尊贵、威武的象征，存在于中华民族的传统意识中（图1-36）。

② 凤纹：凤凰是我国古代传说中的百鸟之王，雄的称凤，雌的叫凰。凤的一种理

图1-36　龙纹

想形象是头似锦鸡、身如鸳鸯，有大鹏的翅膀、仙鹤的腿、鹤鹉的嘴、孔雀的尾。居百鸟之首，象征美好与和平，曾被作为封建王朝最高贵女性的代表与帝王的象征——与龙相配。凤又是传说中能给人民带来和平、幸福的瑞鸟，因此作为吉祥、喜庆的象征，它那美丽的形象一直在民间广泛流传应用（图1-37）。

③ 五福捧寿：是民间流传极广的吉祥图案，五只蝙蝠围住中间一个寿字。蝠与福同音，故历来被视为吉祥物而广泛用于装饰上。五福之意：一曰寿，二曰富，三曰康宁，四曰有好德，五曰考终命。也就是一求长命百岁，二求荣华富贵，三求吉祥平安，四求行善积德，五求人老善终（图1-38）。

④ 福禄寿：福、禄、寿在民间流传为天上三吉星。福，意为五福临门；禄，寓意高官厚禄；寿，寓意长命百岁。中国民间喜欢把福、禄、寿三星作为礼仪交往和日常生活中幸福、吉利、长寿的祝愿。圆形的福、禄、寿又称团福、团禄、团寿，取圆满之意（图1-39）。

⑤ 暗八仙：是指"八仙"常用的器物，代表八仙的存在以表示吉祥的寓意。葫芦：八仙之一李铁拐所持宝物，能炼丹制药，普救众生；剑：八仙之一吕洞宾所持宝物，有天盾剑法，威镇群魔之能；扇：八仙之一汉钟离所持宝物，玲珑宝扇，能起死回生；鱼鼓：八仙之一张果老所持宝物，能星相卦卜，灵验生命；笛：八仙之一韩湘子所持宝物，有妙音紫

图1-37　凤纹

图1-38　五福捧寿

图1-39　福禄寿

图1-40 暗八仙

图1-41 八吉祥

图1-42 千鸟格

绕，万物生灵之能；阴阳板：八仙之一曹国舅所持宝物，其仙板神鸣，万籁万声；花篮：八仙之一蓝采和所持宝物，篮内神花异果，能广通明；荷花：八仙之一何仙姑所持宝物，它出泥不染，可修身禅静（图1-40）。

⑥ 八吉祥：佛教传说中的宝物，由八种象征吉祥的器物组成，人们视它为吉祥之兆，故在中国传统装饰中应用很广。法螺：表示佛音吉祥，被比作运气的象征；法轮：表示佛法圆转，被比作生命不熄；宝伞：表示张弛自如，被比作保护众生；白盖：加被大千世界，是解脱大众病贫的象征；莲花：出淤泥而不染，是圣洁的象征；宝瓶：表示福智圆满，喻为成功和名利；双鱼：表示坚固活泼，喻为幸福避邪；盘长：表示回贯一切，是长寿、无穷尽的象征（图1-41）。

（2）西方传统图案

① 犬牙格与千鸟格：犬牙格又称哈温多孜司，犬牙格的布料一般用四深四浅的色纱交错，具有格子效果。千鸟格又称鸟眼格，较犬牙格细密，以多臂织机织成，组织像鸟眼或钻石般的几何图形。如今犬牙格与千鸟格也直接用于面料印染图案与针织衣物的编织图案（图1-42）。

② 佩兹利图案：佩兹利是一种状如草履虫的图案，原本为印度克什米尔地区使用的开司米羊毛披肩上的花样。18世纪初，此花样被引进苏格兰的佩兹利市，由此又推广至全世界（图1-43）。

③ 苏格兰花格：苏格兰花格原

本是苏格兰作高地人所织的家族独特格子花样，当作是家徽传世。图案的款式依氏族规章据说有一百种以上。常用于棉绒等厚质料的织物（图1-44）。

④ 阿罗哈：阿罗哈是夏威夷衬衫的特色图案。夏威夷衬衫是以夏威夷为中心的波利尼西亚群岛民族服饰的一种。阿罗哈图案以热带植物居多，颜色使用上从多色运用到单一色应有尽有（图1-45）。

⑤ 利伯蒂印花图案：利伯蒂印花指的是1874年创立的伦敦利伯蒂社制造的印花或者是模仿它的小花图案（随意颗粒花样）。从19世纪末至20世纪初此花样风靡了整个欧洲，为世纪性的艺术图案，受到日本传统工艺及浮世绘（日本江户时代的风俗画）极大的影响（图1-46）。

⑥ 考津图案：考津图案是加拿大温哥华岛考津湖旁的印第安原住民所使用的毛衣图案。各家族代代相传的动物、雪花等几何图形为其

图1-43　佩兹利图案

图1-45　阿罗哈图案

图1-44　苏格兰花格

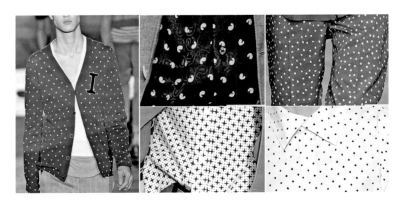

图1-46　利伯蒂印花图案

图1-47　考津图案

特色（图1-47）。

⑦．日尔曼图案：日尔曼图案源自北欧斯堪的纳维亚地区的渔夫毛衣。肩部至胸部有雪花或棕树等图案（图1-48）。

⑧．阿盖尔图案：阿盖尔图案源出于苏格兰阿盖尔郡，当地人手工编织的一种粗线毛衣的特色图案。一般都采用V领（图1-49）。

图1-48　日尔曼图案

图1-49　阿盖尔图案

第二节　服饰图案基本形态

图案是服饰设计中审美及造型设计的基础，是研究和掌握设计中形式美法则的一种特殊途径。服饰中的设计思维，如正负形的运用、基本形的变化组织，基本形的变化形式等皆可在此得到训练。在服饰图案中，用于平面设计可见的视觉元素（形状、大小、色彩及肌理等），可表示某种形体或姿态的统称。最基本的形象就是基本形，研究基本形，就是从事物最简单、最根本处入手的一种思维方式，下面就基本形及其变化形式在服饰设计中的运用作以浅显探讨。

一、动植物图案

动物、植物是我们身边有生命的个体，也是设计者创作灵感的真实来源。在服饰产品面料上，图案起着决定性的作用，服饰产品设计中的图案元素是多种多样的，有花卉图案、民族图案、古典图案、现代图案、动植物图案等。现代人很重视生活品质，注重服饰的装饰性，作为服饰产品的动植物图案在表现上可分为写实、抽象、表现等。

图案的排序是有规律的变化，大体可分为对称与均衡、动感与静感、激情与稳重、反复、节奏与韵律等种种艺术形式，它是在变化中寻求统一，这些形式不仅表现了视觉上的美感，也同时反映文化思想内涵。在产品设计中动植物图案的应用是广泛的，越来越多的被设计者所选用。动植物结合图案从组织结构、秩序、内容上可分为双主体型和多主体型。

动植物图案融入服饰设计使得我们的心灵更贴近大自然，由于现代化的生产、生活加强了人与人的交流，减少了人们和大自然的沟通、与动物的接触，这样使人和自然界之间产生不和谐。所以设计者有必要让人与自然有更和谐的交流，设计动植物图案也是其中的一部分。动植物图案要有形美、色美和意美。形美即形式美，色美就是既具有清新、优雅、朴素等感染力，又具有热烈、艳丽、明快等特点。意美就是通过家纺及其配件的造型、图案及缝制而表现出特殊的情感和意境，它可以起到"心物交融、神与物游"的艺术效果（图1-50）。

图1-50　动植物图案

二、人物图案

人乃社会的主宰，万物之灵，人物题材一直是各类艺术形式所表现的重要内容。人物图案内涵丰富，情趣生动，是人类美化自身、装饰生活的一个重要艺术手段。

（一）人物图案的特点

人物图案的创作难度较大，因为除了要掌握图案的基本构成规律外，还要掌握人物的装饰造型形式规律。人的形体、结构、比例、动态、情感、服饰等都是人物图案中重点表现的要素。图案中的人物造型，不能用写实表现的手法，要将原始的写生（或照片）素材，经过整理、加工、变形、变色等大胆的、主观的夸张变化手法，结合特定的构图组合关系，才能完成人物图案的装饰造型工作。人物图案与其他题材图案的变化要求和方法大体是相同的，但它比植物，动物等题材要更为复杂，难度也较大，为更好地掌握人物图案的变化规律，我们应首先了解一下人物图案的特点。

人物图案与其他题材的图案一样，要求形象概括、结构明确、特征鲜明、动态夸张、富于装饰性和浪漫色彩，而要实现这些要求，我们还应注意以下几个特点。

1. 社会属性

人除了具有男、女、老、幼等自然属性之外，还有复杂的社会属性，有不同的种族、民族、国家、职业、性格等，有古代、现代之分。由于人的高智商和高社会化的生活经历，使人有着十分复杂的内心活动，有各类丰富的表情和神态。

2. 自我美化

人不仅自身拥有光洁的皮肤、整齐的毛发，清晰的五官和优美的体形，人还非常善于美化自己，各种发型、饰物和时装等，不仅造型优美，色彩绚丽。而且材质丰富，具有很好的装饰效果。

3. 自我创造

人除了具有基本的自然生活动态之外，为了丰富生活、强健体魄、抒发情感，还创造了各种运动、娱乐形式，如体育、舞蹈、戏剧、武术.杂技、游戏等。这些极具节奏韵律感，造型生动完美的人体动态，为人物图案提供了非常直接的素材。

4. 自我表现

我们日常生活中接触最多的就是人，关心了解最多的也是人，人对自身的熟悉和体验程度也是最深的。因此，观察和表现社会生活中各种多姿多彩的人物形象，往往是人们最有兴趣的。人通过表现自己，可以抒发丰富的内心感受，这正是人物题材的艺术表现历史久远、永不衰败的原因所在。

（二）人物图案的创作素材来源

1. 学习、借鉴传统民间装饰中的人物

中外传统及民间的装饰人物历史悠久、形式丰富、手法多样，从壁画、石刻到剪纸、刺绣，各种不同风格形式的人物造型，为我们提供了大量学习、借鉴的典范（图1-51）。

我们可以通过欣赏、分析和临摹，来了解掌握各民族艺术的造型规律和程式化表现手法，再将其运用到现代生活中各种人物形象的装饰造型中，这是一种收获大、见效快的途径。

图1-51 人物图案

2. 利用各种人物摄影资料进行装饰变化

现代信息发达，各种印刷宣传书报随处可见，其中不乏精美的体育、舞蹈、戏剧、时装、各地民族采风及百姓日常生活风貌的图片，使我们不出家门便可以观赏到世上千姿百态的人物形象，并将它们作为装饰人物造型的素材。

三、几何图案

几何图案是以动物、植物、图腾等图案经高度抽象、概括化而来的，其一直是世界各民族服饰中的主要装饰图案。随着历史的发展、社会的进步，极具装饰审美性的几何图案的形式及特征也在不断演变，对现代服饰的发展与审美起了极其重要的承启作用（图1-52、图1-53）。

（一）几何图案形态概述

几何图案是以点、线、面组成的方格、三角、八角、菱形、圆形、多边形等有规则的图纹，包括以这些图纹为基本单位，经反复、重叠、交错处理形成的各种形体。

图1-52　几何图案（一）

图1-53　几何图案（二）

它是传统织绣中最常用的纹饰之一，一般以抽象形为主，也有和自然物象配合成纹者，形式比较宽泛。

（二）几何图案形态的流变

几何图案随着时代的变革，特别是其近代的发展过程中，在传承先代的基础上又表现了鲜明的时代特色。

1.种类题材的变化

不同时代，服饰几何图案的种类题材都表现出多样性特征。总体上看，民族特色的几何图案艳丽中见朴素，程式化风格较强。20世纪波普风的出现使得服饰中的几何图案更多的是单纯的条纹、圆点，体现了几何图案造型由程式具象化向自由抽象化转变的特征。时下服饰几何图案更多借鉴现代艺术绘画的表现形式，带有强烈的现代艺术气息（图1-54）。

2.应用范围的变化

不同种类的几何图案都有适用范围。民族民间服饰中几何图案基本应用在上装、下装等主体服饰上，蕴涵特定的寓意。近代随着服饰品类的增多，几何图案广泛应用于头饰、箱包等服饰配件中，并取得良好效果，至此，服饰配件中应用几何图案的情

图1-54　几何图案的种类题材

图1-55　几何图案的应用范围

况大大增多，逐渐超出服饰上的应用比例，几何图案的应用范围扩展到服饰配件领域（图1-55）。

3.应用布局的变化

纵观中外古今，几何图案主要为边缘式，即用于衣服的领、襟、摆、袖口、开衩、裙摆等条状部位。随着纺织技术的进步，新型服饰面料层出不穷，加之在"文明新装"等新思潮的影响下，服饰衣身的装饰渐少。条纹等图案广泛应用于上装，多采用满地布局，也有与其他具象图案结合出现的散点布局形式。裤装中位置较固定，主要位于裤口边缘，多采用二方连续。总之，近代几何图案的应用布局主要为缘边、角隅等。边缘部位逐渐向满地、散点等通体多样化演变，且无论采用哪种布局，都体现对称的形式美。正如台湾服饰文化专家叶立诚先生所说："一般而言，在传统装饰图案的表达上，一方面考虑视觉平衡美感……大都符合左右对称，甚至对题材内容的选定也遵循此精神。"（图1-56）。

（三）几何图案形态的流变特征

流变就是顺应潮流而变。自古以来，一切事物都会因为外部环境、社会风俗和制度的变迁而有所改变。近代汉族民间服饰几何图案的形式也同样在不断地演变与发展。通过前文对其种类题材、应用形式以及装饰手法等流变的分析，从中进行归纳，并总结得出其种类题材由程

图1-56　几何图案的应用布局

式具象向自由抽象、应用形式由单一式向多元综合式、装饰手法由手工随意性向机械批量化流变的特征（图1-57）。

四、变异图案

变异图案是指同种图案在创作或传承过程中与原始图案相比不同个体之间在造型特征、表现手法等方面所表现的差异。

变异图案具有函数图形的精确性与形式美特征。变化与统一是构成形式美的两个基本要素，求新求变是变异图形设计的重要手法。没有变化就没有生命力，变化使图形在构成要素上有了对立面、对比点，从而使图形的形体、构图、色彩等方面有所丰富、有所发展与创新，打破了单调的局面。结合一些变异的手

图1-57　几何图案的流变特征

法，在变化中把握规律性，是变化与统一在图形中的具体运用。基于原始素材图案形本身具有的特点，将服饰图案的变异方法归纳为以下几种并应用于服饰图案的再创造。

（一）骨骼渐变变异图案

骨骼渐变是指单位基本骨骼具有规律性的、循序的变化，有一定的节奏和韵律感。这在变形中最为常用，也是最基础的变形手法。骨骼渐变通常会结合其他的变异方法。形是单一的基本图形渐变，没有添加色彩渐变等其他的渐变手法。由于其自身所具有的特点，使变化后的图形营造出强烈的动感与韵律美（图1-58）。

1. 变异形态构成

变异的形态在规律性骨骼和基本形的构成中，变异其中个别骨骼或基本形的特征，以突破规律的单调感，使其形成鲜明反差，造成动感，增加趣味，即为变异构成。变异是相对的，是在保证整体规律的情况下，小部分与整体秩序不和，但又与规律不失联系。变异的程度可大可小。变异的现象在自然形态中也是普遍存在的，如"万绿丛中一点红"是一种色彩的变异现象，鹤立鸡群的"鹤"也是一种形象的变异现象。

变异服饰图案在服饰设计中有着重要的位置，要打破一般规律，可以采用变异的方法，它容易引起人们的心理反应。例如，特大、特小、突变、逆变等独特、异常的现象，会刺激视觉，有振奋、震惊、质疑的作用。

2. 变异的形态变化过程

（1）基本形变异

在重复形式、渐变形式的基础上进行突破或变异，大部分基本形都保持着一种规律，一小部分违反了规律或秩序，这一小部分就是变异基本形，它能成为视觉中心。变异基本形应集中在一定的空间。

① 规律转移：变异基本形彼此之间造成一种新的规律，与原来整体规律的基本形有机地排列在一起，叫做规律转移的变异。基本形规律的转移可以从形状、大小、方向、位置等方面进行，有一点必须注意，转移规律的部分一定要少于原来整体规律的部分，并且彼此之间要有联系。规律转移中的位置变异要求基本形在位置上加以变化，来形成变异的构成。

图1-58　骨骼渐变变异图案

a. 形状变异：以一种基本形为主作

规律性重复，而个别基本形在形象上发生变异。基本形在形象上的变异能增强形象的趣味性，使形象更加丰富，并形成衬托关系。变异形在数量上要少一些，甚至只有一个，这样才能形成焦点，达到强烈的视觉效果（图 1-59）。

图1-59　基本形的形状变异

b. 色彩变异：即在基本排列的大小、形状、位置、方向都一样的基础上，在色彩上进行变化来形成色彩突变的视觉效果（图 1-60）。

图1-60　基本形的色彩变异

② 规律突破：这种变异的方法是指变异的基本形之间无新的规律产生，无论基本形的形状、大小、位置、方向等各方面都无自身规律，但是它又融于整体规律之中，这就是规律突破。规律突破的部分也应该是愈少愈好（图1-61）。

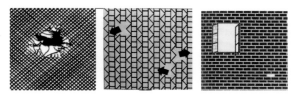

图1-61　基本形的规律突破

（2）骨骼变异

在规律性骨骼之中，部分骨骼单位在形状、大小、位置、方向发生了变异，这就是骨骼变异。

① 规律转移：规律性的骨骼一小部分发生变化，形成一种新的规律，并与原规律保持有机的联系，这一部分就是规律转移（图1-62）。

图1-62　骨骼形的规律转移

② 规律突破：骨骼中变异部分没有产生新的规律，而是原整体规律在某一局部受到破坏和干扰，这个破坏、干扰的部分就是规律突破。规律突破也是以少为好（图1-63）。

3. 形象变异

形象变异是指具象形象的变异，这种方法主要是对自然形象进行整理和概括，夸张其典型性格，提高装饰

图1-63　骨骼形的规律突破

图1-64 骨骼形的形象变异

效果，另外还可以根据画面的视觉效果将形象的一部分进行切割，重新拼贴。变异还可以像哈哈镜一样，采用压缩、拉长、扭曲形象或局部夸张等手段来设计画面，产生意想不到的效果（图1-64）。图1-65为基本形变异与骨骼变异图案赏析。

（二）联想变异图案

联想法是将一事物与另一事物之间外在或内在的、共同或对比的因素相联系而展开想象的方法，也就是把已知的信息与某种思维对象联系起来。联想法是相对自由的思维形式，它可以是同类的，也可以是异类的（图1-66）。

（三）添加装饰变异图案

一般为一个图形加上另一个图形或是添加原有特征以外的新元素，使重新组合归纳后的图形更理想化，更具有美感和象征意义。图形与图形的相加，可以是整体与局部之间的组合，也可以是形体与色彩之间的添加（图1-67）。

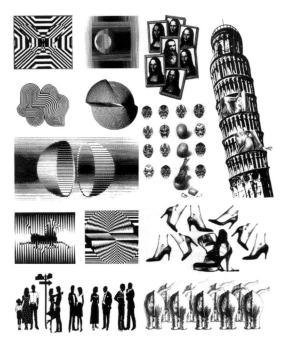

图1-65 基本形变异与骨骼变异图案

（四）打散再造变异图案

所谓打散再造，就是将单位完整对象，根据设计需要或者某种要求打散分解，再运用放大、缩小、重叠、对比、特异、肌理、渐变、放射等手法加以重新组织（图1-68）。

（五）置换构成变异图案

置换构成是现代图形创意中的一种表现方法，可以运用到图案的创造中，即选择一个三叶玫瑰线或四叶玫瑰线形

图1-66 联想变异图案

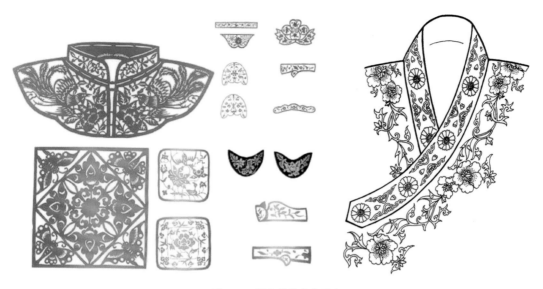

图1-67　添加装饰变异图案

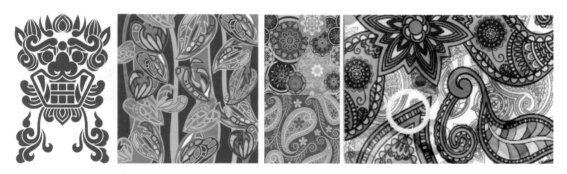

图1-68　打散再造变异图案

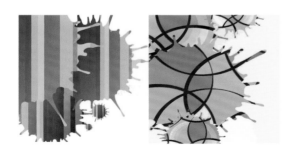

图1-69　置换构成变异图案

态,以此作为再创造的原点,再根据创意,置换新的元素。借助置换构成法在不破坏原有的图形美的前提下,丰富其内涵并创造出全新的东西,使变异后的图案更加理想化,更具有美感和象征意义(图1-69)。

第三节　服饰图案作用与意义

　　服饰图案是按照美的规律构成的纹样图案，对服饰有着装饰的作用。服饰图案作为服饰的一部分使服饰产生清晰的层次和格调变化，同样的服饰款式采用不同图案进行装饰，其最终效果会截然不同。随着时代的发展和科技的进步，服饰图案也在不断地发展变化，呈现出多样化的趋势，尽管图案资料和图案素材数量巨大，但只从视觉效果选择图案是不能完成设计任务的。服饰图案使用上有规律可循，下面就服饰设计中如何正确选择服饰图案谈一谈应注意的问题。

一、服饰图案的作用

　　凡物都有形，形可分为理念中的形和现实中的形。理念中的形是人的大脑在现实的基础上归纳处理出来的。是存在的形态或是抽象的形态。高于现实的形，已不是原本意义上的"形"，因为它在人脑中经过大脑人为的艺术加工后再反映到现实的表面。这个过程就是表面—实质—表面的过程，是一种装饰理念的由表及里再到应用的过程。

　　装饰图案是一种非常普遍的艺术和人文现象，是形的美化形式。在造型领域包括装饰艺术、工艺艺术、室内艺术。但在造型艺术之外的音乐、戏剧、电影、舞蹈中也存在各种的装饰现象，如音乐重点装饰音、衬托主角的丑角和配角等。事实上，不仅仅在舞台上，日常生活总也不乏装饰图案的出现。

　　图案，无论是其发生发展的历史过程，还是其表现广泛的现实形态，都与人类生活的切实需要密切关系。图案不仅仅是美术学科的一门专业学科，也是一门具有实用价值的工程实践。

　　图案的概念具有多个层次的含义，都可以从广义和狭义两个方面认识。本着艺术设计的根本目的，首先应该把图案界定于美术学的范畴，就美术学的认识而言，广义的图案是指实用性与美观相结合的方案；狭义的图案则是指某种装饰或者装饰图案，即按照美的规律构成的图案或者表面装饰，既可以是实施于器物表面的装饰图案，也可以是针对性的装饰设计方案和模拟性的图案设计方案构成练习。

　　相对最终的产品而言，无论是广义的还是狭义的图案都不等于价值目标的实现以及价值形态的全部，它的存在意义在于对生产过程或物化产品的附属。这种附属属性可谓图案艺术的重要美学特征，因此，图案设计和其表达形式都要受到功用目的、工艺、材料、经济条件和市场消费等诸多因素的制约，也由于这些制约因素的缘故，形成了图案艺术有别于纯粹欣赏美术的特点。

　　服饰图案也是图案艺术的一个门类，它是针对服饰、配饰及附属物构件的服饰设计和装饰图案。作为整个图案艺术的一部分，服饰图案自然具备图案的一般属性和共同特征，即审美性、功用性、附属性、工艺性、装饰性等。作为一个相对独立的门类，服饰图案当有自身的特征，如纤维性、饰体性、动态性、多义性和再创性等。

（一）纤维性

是指服饰图案适应服饰材料的物性而呈现的相应的美学特征。

服饰面料，也包括一部分的配饰、附件。主要用纺织纤维和非纺织纤维制成，这两类材料都不同程度具有纤维的性状，服饰图案几乎就是附着在面料上的，因此面料的纤维性质也反映在装饰的表层，成为服饰图案材料的特征。无论服饰图案采用勾、挑、织、绣、编等工艺，还是用印、染、画、补等手段，它都会自然而然地将纤维所特有的线条性、经纬性、凹凸性、参差性和渗透性等特性附着在物质表面。因此，纤维性的特点，通常是服饰图案设计者必须预先考虑的。

（二）饰体性

是服饰图案契合着装人体的体态而呈现出来的美学特征。

服饰的基本功能就是包裹人体，所以作为其装饰形式的图案当然也不例外与人体有着密切的关系。人体的结构、形态和部位对服饰图案的设计与表现形式有至关重要的影响。通常情况下较宽阔、平坦的背部可以用自由式或适合式的大面积花样，还可以加强它作为人体背面主要视角的装饰效果；而隆起的胸部和环形的领口，则是仅次于头和脸的视线关注部位，图案装饰往往有既鲜明界定又自然连贯的特点。再则人体的几个大关节转折部位一般不以图案装饰，人体的缺陷还向服饰图案提出了复杂又妙趣无穷的视差校正要求。因此，服饰的图案设计不能停留在平面的完美上。

（三）动态性

是服饰图案随装束展示状态的变动而呈现出来的相应的美学特征。

身体上的图案随人体不停地运动，它向观者展示了一种不断变化的动态美，对服饰图案来说这种变化的动态美，充分体现了服饰本质的的真实审美效果，它融时间和空间为一体，在确定和不确定中，呈现出无限的意味。动态美是服饰图案突出的重要美学特征。

（四）多义性

是指服饰图案配合服饰的多重价值及服饰自身结构形式的要求，而呈现出来的相应的美学特征。

一般来说服饰除了最基本的遮体和美化价值外，还综合体现着穿者追逐流行、表现个性、隐喻人格、标示地位等多样价值要求。因此服饰图案不仅是服饰的纯美化形式，而且也是其含纳多重价值的重要手段。

（五）再创性

是服饰图案在面料图案基础上得以创造转换的一种美学特征。

服饰图案的设计包括专门设计和利用性设计两大类，再创性是针对后者而言的。许多服饰都是带有图案的面料做成的，但面料图案并非服饰图案，两者之间需要有一定的转换，就是再创造的过程。这种再创使得原来单一的面料图案呈现出丰富多彩的视觉效果，使得面料图案具体化、个性化、多样化。如果说一般的图案设计都有明确的目的性的话，那么，服饰图案的再创造则是体现了设计师对现成图案的一种合目的的假借、利用和再设计。

面料是流行的载体，款式是其表现形式，而装饰图案则是其精灵，以点睛的作用，让我们的眼睛一亮，让我们的心一动。这些传统的服饰图案有着不朽的精神，它惟妙惟肖地诠释着今人眼中的过去。

同时，新的思潮也影响了服饰图案的设计理念。人类对环境的破坏，导致受到自然无情的惩罚，污水毒死水中生物，二氧化碳形成的保温层使地球温度升高，两极冰山融化……人们终于认识到自然对人类意味着什么，崇尚自然，返璞归真成为时代的风尚。原始彩陶、荒漠、森林、海洋、山峰、原野成为创作的源泉，这是服饰图案新的设计方向。

现代社会的发展使消费者素质不断提高，服饰图案的风格从追求形式美感基础，发展到强调兼容文化意义的表现，注重消费者的个性领悟、共同参与。服饰图案风格向抽象、具象多种形式并存的方向发展转变，从观念到表现手法都出现多元化、多层次、多角度的交融。

二、服饰图案的意义

（一）图案传达对美好事物的向往

人类对美的追求、对幸福的渴求始终不变。这种心理追求与人的生活处境、价值观念和处世态度有着密切的关联。中国古代劳动人民长期生活在艰苦环境中，天灾、人祸、疾病常常侵袭着人们。这样的处境让他们对幸福有了强烈的渴求，他们祈求风调雨顺，盼望丰衣足食，希望老人长寿安康、儿孙满堂、家庭和睦，这些朴素的理想和美好的愿望是创造吉祥图案的原始动力。中国传统美学强调的是求全与美满，认为万事万物都是一个和谐统一的整体，因而中国古代的艺术家始终致力于"和合为美"的创作，将天、地、人看做一个生机勃勃的有机整体，崇尚吉祥、喜庆、圆满、幸福和稳定，这一理念反映在服饰图案上则表现为追求饱满、丰厚、完满、乐观的情感意愿。

当前，经济和科技飞速发展，人们所处的生存环境、所奉行的生活方式与传统的农业社会相比发生巨大变化；人们的思想观念、审美取向也发生变化，但人们对幸福的渴望与追求却没变。吉祥图案无疑就是中国人渴望幸福的一种典型的图案代表。传统图案的吉祥主题不仅表明了人对于未来的希望和理想，又以寓意的方式象征着人们改变生存环境的艰苦努力和征服困难的伟大意志以及不屈的力量。它既是理想性的，又是现实性的。在装饰艺术中，不论是图案还是装饰的图画，其寓意所表达的"吉祥"主题，是一个延绵千万年的永恒性主题。吉祥是对未来的希望和祝福，具有理想的色彩；吉祥是中国人对万事万物希冀祝福的心理意愿和生活追求，反映了图案至善至美的本质。

尽管时代在变迁，但人们时刻感动于美好事物，享受着美好事物带给人的愉悦，所以说不论选择什么类型的服饰图案，只要以对美好事物的向往为出发点就是设计成功的基础。装饰图案的吉祥主题，包含着传统文化的众多内容和人文主义精神，与中华民族的文化心理结构、文化渊源、情感表达方式有密不可分的关系，它是传统文化精神的镜子，是传统民俗文化的主要内容。

（二）图案提升服饰的附加值

在服饰中图案无形中起到了标志的作用，具有强烈的象征意义。从表情达意的角度看，图案的形象性特征显然比服饰的结构特点、材质肌理更为直观。所以，它在服饰中是最容易被着装主体用来传达信息的部分，成为表达服饰整体精神性因素必不可少的一部分。服饰的附加值是在消费社会里产生的概念，我国虽然还没有完全进入到后现代社会，但城市地区已经接受了后现代社会的消费观念。在商业运作下同样的面料、工艺、款式但不同的图案会决定价格的高低。在信息爆炸的社会里，设计师对图案、材料和配饰等方面都有极大的选择余地，大量古典装饰符号被抽取、混合与拼接，使产品形象价值高于物质成本。恰如法国学者鲍德里亚所言，现代社会中的消费者实际上是对商品所内含的意义（及意义的差异），而不是对具体的物的功用或使用价值有所需求。他认为在消费社会里，产品除了使用价值外，还具有某种对消费者的社会地位进行界定或分类的意义。选择服饰图案就是一种区分行为，消费者依靠服饰图案的形式和内容完成自我界定的任务，在当前情况下服饰价格的高低相差悬殊也被认为是合情合理的。消费者不再将消费性物品视为纯粹的物品，而是将其视为具有象征意义的物品；消费也不再是纯粹的经济行为，而是转化为在某种符号之下，为了社会地位、名望等而进行的以差异化的符号作为媒介的文化行为。

比如国际奢侈品牌路易·威登选用的服饰图案，就是典型的提高服饰附加值的案例，尽管它有技术的革新，功能上的设计几乎完美，但试想没有 LV 图案这个包还会有那么大的价值吗？所说技术上的革新是指一个包制作过程非常繁复，因而才有极强的耐压性和耐磨性，具有防水防火、不易磨损、长久不变形、不褪色等特点。LV 图案是 1896 年以路易 · 威登字母、四瓣花形、正负钻石、格纹组合成的图案。这个图案深受 19 世纪流行的东方艺术以及纳比画派的影响。四瓣花形和正负钻石皆是两者的精髓融合。这个经典花纹沿用百余年，从 1896 年路易 · 威登正式推出具有品牌标示功能的字母组合帆布设计那天起，"字母组合帆布"就成为这个品牌王国的终极标志，一直延续 100 多年。提升服饰的附加值，利用服饰图案激发人的想象和情感体验，从精神愉悦和满足的符号消费中获得设计的成功。

（三）服饰图案选择可以表达个性

服饰图案是人们情感意念的寄托物，服饰不仅体现着时代气息、民族传统、文化背景，也是个人的身份、职业、情趣、品味、性情、爱好的表征，大众已经将服饰文化变成界定自身"存在"的符号，人们已经认识到外表与表现相称的重要性。尊重的需要、自我实现的需要，这种需要逐步发展并形成个人着装风格。作为人体的延伸，服饰还能够表现出穿着者的长处和特点，极富魅力地表现个性、欲望和心理特征。为此，服饰设计不仅要有个性表现力还要切合流行趋势，更要有观赏者的趋同心态，否则就成为奇装异服。融合人的生命蕴涵和审美意蕴于个性追求中，在服饰风格和个性间寻觅一种新的结合与平衡，是当前设计师亟待解决的问题。一般来讲，每个人在社会中都是通过不同的方法和途径来表现自己的个性特征，总希望在他人心目中自己是一个"自我"的个体。

图1-70 中国传统吉祥图纹的个性表达

求新、求异心理正是个性的显示，这是一种追求商品的新颖、奇特和趋于时尚的心理。以个性追求来表达自我实现的愿望。俗话说"佛要金装，人要衣装；三分靠相，七分靠装"，服饰的选择体现一个人的文化修养。现代社会的激烈竞争促使消费者素质不断提高，人们注意风格样式，注意修饰身体，注重扬长避短弥补身材不足。服饰图案风格向多种形式并存的方向发展，从观念到表现手法都出现多元化、多层次、多角度的融合。服饰图案与人及服饰的关系，不仅是单纯的美化，而是紧密地与人及服饰的物质特性与精神特性结合在一起（图 1-70）。

图1-71　不同图案的个性表达

　　总之，服饰图案语言的造型传达是多层面的复合结构，从看得见、摸得着、真实的客观具体存在，到依附载体体现出来的内在本质；从内在性格、精神、本质到色彩及图案等外在造型形式的反映；从物化于其中的人的思想情感、精神追求、审美观念、传统等到造型语言形式化、人格化，形、意交融于一体，实用功能和审美意念统一（图1-71）。

本 章 小 结

　　服饰图案，无论是其发展的历史过程，还是其表现广泛的形式，都是与人类生活息息相关的。它是一种艺术形式，是针对服饰、配饰及附属构件的装饰设计和装饰图案。《中国美术大辞典》对服饰图案是这样解释的：应用最多的是植物图案、动物图案和几何图案，图案的表现方式大致经历了抽象、规范和写实等几个阶段。商周前的图案较简洁概括，富有抽象的趣味；周以后，装饰图案日趋工整、上下均衡、左右对称、布局严密；唐宋时期反映的尤为突出；明清时期，服饰中的图案多以写实手法，刻画细腻逼真，清代后期这一特点反映更加强烈，现代服饰图案，抽象写实并用，手法多样。

　　服饰图案在人们生产生活中有着重要的意义，同时它也是一门独具特殊性质的课程，主要表现在两方面，一方面是它的装饰性；另一方面则是它的实用性。其装饰性方面主要指作为整个图案艺术的一部分，从艺术的角度它是按美的规律构成的图形图案和装饰；那么，从实用的角度，图案的设计或形式都必然受到功用目的、工艺、材料、经济条件等诸多因素的制约，相应的这种制约因素也形成了服饰图案有别于其他艺术的特点。因此，服饰图案具备图案的一般属性和共同特点，就是审美性、功能性、附属性、工艺性和装饰性。

思考实训题

　　1. 服饰图案的分类及特点？

　　2. 动植物、人物、几何变异图案的形态如何表现？

　　3. 图案对服饰有何作用与意义？

第二章

服饰图案的结构造型元素

课程名称

　　服饰图案的结构造型元素

课程内容

　　服饰图案中的直线构形方式

　　服饰图案中的曲线构形方式

　　服饰图案的结构造型形式法则

上课时数

　　12 课时

训练目的

　　让学生了解并掌握服饰图案的结构造型元素，并学会运用结构造型形式法则进行服饰图案设计。

教学要求

　　1. 使学生了解服饰图案中的直线构形方式

　　2. 使学生了解服饰图案中的曲线构形方式

　　3. 使学生掌握服饰图案的结构造型形式法则

　　4. 使学生明确现代服饰图案设计的要点

课前准备

　　阅读美学基本原理与服饰图案设计方面的书籍。

人们视觉上能看到事物的构形方式有两种——直线与曲线。结构是反映构形元素在图案中的实际组织状态和相互关系的一种综合形式要素，而结构模式则表露其组织状态和相互关系的一般定则，体现结构这种综合形式要素的内在统一性和规定性。因此，不同的结构模式内在的约束着图案的面貌和格调。服饰图案的构形途径也不例外，服饰图案中图案的结构造型元素大致可分为直线和曲线表现方法，不同形态的组合构成了服饰千变万化的图案。

第一节　服饰图案中的直线构形方式

造型相对简单的几何纹的构形元素则是点、线、面等抽象形，其中直线占主要部分。这里所指的直线概念并不只包括没有任何起伏或水平或垂直或倾斜状态的线条，同时还包括略有起伏变化的小波折线。

一、点、线、面构形

在现代平面构成中，点、线、面之间的概念是可以逐一转换的，点的连续形成了线，线的密集形成了面，点、线、面是自然界物体的基本构形元素，是抽象化的形状，它们之间没有明确的界定，各自有不同的特点而又相互关联，只是在一定环境中相对大小、位置的不同而有所区分。

（一）点

点在数学上是面积最小的圆，是线与线相交的地方，在美术造型上，各种点都有其不同的含义，点必须是有形象存在才是可见的，因此，点是具有空间位置的视觉单位，有形状、大小和面积。点多数以圆来表示，但三角形、四边形等其他形状也常见，点的面积越小，则作为点的印象就越强；点的面积越大，则面的印象越强，而点的印象就越弱，许多点的接近也可以产生面的感觉，点的大小会产生强弱的肌理感觉。服饰图案中有点大小的运用，大的点具有明显的粗糙鲜艳感；小的点具有细腻朴素感，在人们心理上，点是力的中心，在空间中心放置一点，人们的视线就集中在这个点上，保持着平静的安定感，既单纯又引人注目，具有张力的作用，所以即使中心点的面积很小也会成为视觉的要点，而且类似点的大小容易产生深度感，由于大小的对比也使图案产生了一种远近的深度感，加强空间变化的效果（图2-1、图2-2）。

（二）线

线是由点的连续移动和终结而成，它具有形状、长度、方向，是面的边缘，在美术造型上，线和点一样，必须是可视的，即必须具有一定的宽度，而宽度的大小使线与面有了

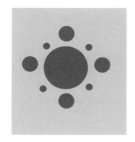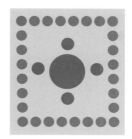

图 2-1　点的组形

图 2-3　线的组形

图 2-2　服饰中点的运用

转换的契机，在同一个画面或图案中，线与面的概念是可以互相转换的，相对而言宽度小的可看作"线"，宽度大的可看作"面"。图案中线密集呈面状，这种水平或垂直方向上短线的排列在图案中被固定称为席纹。线状形体具有力的倾向性，线的长短、曲直组合及方向上的倾斜，都可以产生速度感，成为力的移动

图 2-4　服饰中线的运用

方向，图案中折线的整齐排列，不仅有一种节奏感，而且蕴藏了一种向上突起的力量，使图案具有立体感（图 2-3、图 2-4）。

（三）面

面的概念经常会随着对比形状的大小发生改变，它可以是一段线条封闭所形成的

图形或色块，也可以是点在面积上的扩张。面在图案中的使用常具有一种稳定感，是力量的体现，这种力的扩张感和倾向性由于块状形之间的互相组合产生变化，而不同形态线使形式的动感产生变化，从而形成不同的形式风格。面与面之间的组合形式具有多样性，如图 2-5 所列举的几种组合构形形式，第一个图案中的面具有相似性，是不同色彩的填充使各个面之间有所区分，第二个图案是不同形状的面的组合，第三个图案中则是面积和比例上不同的面的组合，由于面的大小及宽窄上的差异形成水平及垂直方向上的区分，有一种力势的均衡感包含其中（图 2-5、图 2-6）。

二、点、线、面组合构形

服饰图案的几何纹中，三者相互运用，组合形式多种多样。基于点、线、面的基本特征，它们之间的综合运用形式就更加多种多样了，总的来说，点具有的灵活性和零散性，使它通常作为一种点缀的形态出现在图案中，线则是起着连接及框架的作用，面具有的稳定感及力量感在画面中扮演协调大局的角色。三者互相搭配、综合使用、各自成趣，点与线的组形有一种轻松欢快感。例如，点与面的搭配组形则像是浑厚的乐曲中涌动着几个跳跃的音符，沉稳而略带调皮；线与面的组合显示了力势的连贯，衔接面与面之间的界限，打破面的单一性和沉闷感（图 2-7 ~ 图 2-11）。

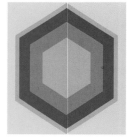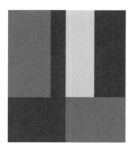

图 2-5 面的组形

图 2-6 服饰中面的运用

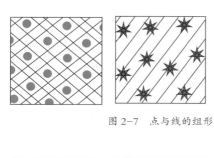
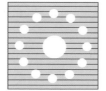

图 2-7　点与线的组形

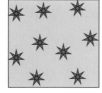

图 2-10　点、线、面的组形运用

图 2-8　点与面的组形

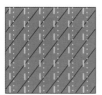
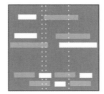

图 2-9　线与面的组形

图 2-11　点、线、面在服饰中的综合运用

中国图案在布局上讲究"经营位置"，善于用"米字格""九宫格"等直线结构作为基底，将图案单元组织在一起，服饰中很多图案的构图都是采用这些直线结构进行组织。

（一）米字格结构

米字格结构指的是在方框中画一个"十"字，分成四格，在此基础上再画两条对角线，形如米字，四条结构线把整个藻井画面均匀分割成八块，各结构线交合之处即为图案的中心点，常有方形或圆形图案放置于此，犹如九宫格中的"中宫"，使四周边饰团聚在一起。按此格布局，便于安排图案的间架结构、重心和图案的斜正疏密，而且米字格结构线在方框内是以中线与对角线的形式出现的，所以图案大多呈对称形式分布，此外在原有结构线的基础上根据实际需要再次将画面进行分割，出现八条或多条结构线，使画面本身具有更强的放射性动态，更利于组织复杂图案，米字格结构除了在方框内使用外，还可以在圆形框架内使用，使得画面在增强扩张性的同时具有一种团聚感（图 2-12）。

米字格的变化形式为单位方框内方形交叠，形式多样，但归其本质都是在米字

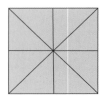 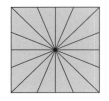

图 2-12   米字格

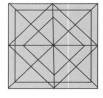 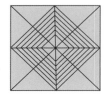

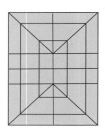 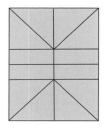

图 2-13   米字格的变化形式

图 2-14   米字格的变形设计

图 2-15   米字格设计运用图例

格骨架线上进行变化，对角线上点与点之间的距离决定了方形的宽窄及圆形的大小，如图 2-13 所示。位于中心位置的图案是整个图案的主题，它既是引导视觉的中心位置，又是平衡画面的中心，这种结构与人的视觉心理达成高度统一与和谐，科学的讲，人们在观看一种图案的时候，总是不自觉地先寻找画面中心，以获得一种心理重心的平衡，而后才去观赏次要的物体，因而，中间图案的位置适应了人的视觉构造，明确的先主后次视觉顺序是米字格结构有效引导的结果。

米字格的内部装饰图案大都成对称式分布，对称线与图案中线一致，这种基本结构是中国传统图案对称式构图的集中体现，同时更是图案秩序化的基础，显性或隐性的结构线像是一种无形的磁场，中间的方形或圆形便是这种磁场的中心，它使各方向的力形成一种极度的平衡与稳定，如图 2-14 所示。结构线在图案中的运用大多是以隐形的形式出现的，如图 2-15 所示，呈放射性式从花心向外扩张的花瓣，或借助于几何形放射线，几何形圆和方扩张力的辅助，加强了这一动感表现。花朵的形态成为视觉的焦点，花朵向外开放产生扩张的动感，形成了花卉的方向，也显示了结构线所在位置和方向，密集排列的花卉图案围绕着中心主体绽放，使主体形象醒目、明朗（图 2-16）。

图 2-16　米字格的服
饰设计运用

（二）九宫格结构

　　"九宫格"是我国书法史上临帖写仿的一种界格，又叫"九方格"，即在纸上画出若干大方框，再于每个方框内分出九个小方格，以便对照字帖范字的笔画部位进行练字，这种界格形式是中国传统的布局方式之一，在服饰图案中有很多图案的组织都是按照九宫格的基本架构进行的，其构造的各部分有不同的称谓，中间一小格称为"中宫"，上面三格称为"上三宫"，下面三格称为"下三宫"，左右两格分别称为"左宫"和"右宫"，在这九个方格中分布不同的图案，所组成的图案整体风格不尽相同，有的甚至大相径庭（图 2-17）。

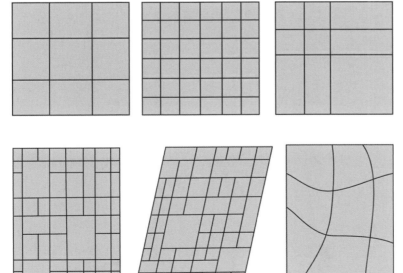

图 2-17　九宫格的变形设计

九宫格创制之后，人们根据实际需要删繁就简，产生了许多变化的九宫格形式。主要有以下四种：改横竖三宫为横竖六富，成六六三十六宫；把三十六宫的左、右两行十二宫去掉，或把上、下两行十二宫去掉，成二十四宫；将三十六宫形变成双回字形；将原九宫格进行拉伸变形或旋转，成菱形。

九宫格结构在图案中以显形或隐形的形式运用，体现出多种变换形式。图案整齐排列成旋转的九宫格结构，并没有明确的结构线，而图案在格中的分布样式决定了图案的整体面貌。在既定的结构中，图案单元或均匀或均衡的分布，造成了图案疏密的分布状况。九宫格结构形式的丰富性更体现在各种变体之间的组合使用。这些组合主要表现在以下三种形式：同等大小格界的组合，这种组合形式所表现出的九宫格结构，是散点式布局的典型代表；旋转式与正立式九宫格的组合，这两种形式呈交叠式组合，菱形式为标准的九格，难立式以三十六格为单元与前者叠加，且格内图案分布呈间隔式，与菱形格的图案相映成趣；同种形式、大小不同的组合，在单元图案内两种格式大小的不同，加之花样分布状况的不一，使得图案呈现出一种疏密的对比关系，因而具有了层次感，不同形式结构的组合增强了服饰图案的秩序感和条理性（图2-18、图2-19）。

图2-18　变形九宫格的运用　　　　图2-19　九宫格的服饰设计运用

（三）其他结构

除了米字格、九宫格这些主要的直线结构外，还有许多使用范围较小的直线结构形式，其中有一部分是用排比的手法描绘整齐的几何形，像龟背、蛇皮、结晶体、编织纹，平行叶脉等，都是将三角形、四方形、菱形巧妙地结合起来，同时再搭配生动富于变化的线条，使其产生富有变化的结构形式。其中龟甲形结构在图案中的运用较为广泛，它由六边形组成，结构特征与龟背纹理相同，又由于在中国古代龟被视为长寿的象征，多用来与其他图案题材组合构成图案（图2-20、图2-21）。

图 2-20 龟背纹

图 2-21 其他结构在服饰设计中的应用

第二节 服饰图案中的曲线构形方式

国人善用曲线，这与中国传统服饰文化中，人们追求与自然、周围环境和谐的精神是一致的。不同时期的服饰装饰风格有所不同，其独特的曲线构图结构相对一致。相对于直线的刚硬与直率，曲线更能表达人们与环境融合的思想，服饰图案多采取满铺的手法，形式主要有勾卷形、S形、C形等，曲线结构的运用使图案显得豪华而不呆板，流行而不纤弱。

一、勾卷形

勾卷形是由原始旋纹发展而来，所具有的曲线形态是由多重回转的旋线简化而来的，在形态上一贯保持流动飘逸的曲线和回转交错的线条结构，它既充分又深刻、既朴实又显达地阐释了"生动"的美学意味，对中华民族的文化精神和审美理想作了优雅而形象的表征。

勾卷形具有极强的演绎能力，它特定的形状、随意伸缩的尾线和不拘一格的摆姿，蕴藏着无限演变发展的可能性，为服饰图案呈现不同的形象或适应不同的装饰空间提供了内在的支持。作为构形元素的勾卷形，基本形的变化主要在勾头、卷体和尾线上，其圆润饱满、匀和流畅的单漩涡形曲线，极富视觉上的张力和弹性，尽管它实际上只占据着有限的平面空间，却因弧线自身一般具有的扩张、延伸、流转的形式意味和暗示性，或疏松或紧密或急弯或缓平的构造变化和节律性，而呈现出似卷曲盘旋、运动的"生动"视觉效果（图2-22）。勾卷形的演绎既可以凭借同形反复的数量增加来进行，也可以通过尾线的延伸、转折变化来进行，还可以根据适形要求的外部空间条件来进行，强大的演绎力使这种演绎本身充满魅力。

勾卷形的一个重要特征在于其起始线端向内弯曲形成的钩状，勾头的形状除了弯曲的程度有所不同形成不同面貌之外，还有诸如圆头、尖头、顿点等形式的变化，卷体的变化则主要在于曲线与勾头距离的长短以及曲体的饱满程度，弯曲程度越饱满卷体越趋近于圆；尾线的变化则主要集中体现在线条摆动方向的不同和形成波状起伏的曲线上。勾卷形除了单线状外，还有双线组成的封闭形，这种双线所围成的勾卷形由于具有一定的"面"而具有强大的变化能力，一侧的线条保持勾卷形的基本特征，另一侧的线条则可以尽情地弯转翻动，与其他造型融为一体，为勾卷形具有"衍化"的性能奠定了基础（图2-23、图2-24）。

勾卷形所具有的审美代表性，在于它的视觉形态特征体现了民族审美感觉或审美心理的普遍倾向，适应了中国人注重事物动态特征、热衷流动形式美的一般审美习惯。所以在服饰图案上被运用得极为广泛。它的纯粹形式品格，不仅使服饰图案所表现的转动形态得以形象化，而且将一种普遍的旋转感、流动感和变幻感得以简洁至极的表现，勾卷形的"元素"性质和无所不在的应用性存在，成为影响服饰图案生动性和丰富性的重要因素（图2-25）。勾卷形经过分割、变化可

图2-22　勾卷形的不同形式

图2-23　勾卷形图案

图2-24　勾卷形的图案应用

形成 S 形、C 形等其他线形。

（一）S 形

　　服饰图案作为人的思想感情的物化形式，自然应当表现运动的形态，S 形结构就是表现运动形态的主要结构之一。它以构形元素反向对称的组合为特征，彼此之间由此形成一种正反互逆、回旋反转的关系，由于对立双方的沟通连缀、气贯势顺、不作停顿和转折，以致具有很强的流动感和节律感（图 2-26）。相对而言，S 形具有高度的开放性、兼容性和衍生性，客观存在能够造就或支撑某种卷草图案式的庞大形构体系，而且并不因为丰富的变化因素而失去内在的统一性和整体的生动性。因为 S 形结构具有缘自结构模式的结构性优势，及对图案构成的广泛适应性，是人们钟情于卷草纹或一切具有流动感图案形式的依据。

　　如图 2-27 所示，不同形态的 S 形结构表现出不同的动感，结构本身也有轻重缓急的形态。运动表现的条件在于时间和空间的变化，而服饰图案的 S 形结构表现为观念静止形式。但是，如果将客观世界中运动的事物记录下来，我们不难发现其瞬间形态包含着方向、重心和速度形成的力，正是因为这种力与人主观心理上的力形成同构，所以静止的形势产生了运动的感觉即静止的服饰图案产生了动感。

　　S 形结构并不总是以外显的形

图 2-25　勾卷形在服饰中的应用

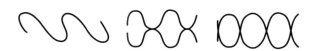

图 2-26　S 形

图 2-27　S 形的不同形式

图2-28　S形在连续图案中的应用

图2-29　S形在龙纹图案中的应用

图2-30　S形在服饰设计中的应用

式运用到图案中，将S形结构融入图案中，例如在连续图案中，S形有灵活的表现，其流动的大势，给人以满而不寒、充满灵动的观感（图2-28）。除了在连续图案中外，在单独图案主体的造型结构里也显示其特点，如图2-29所示龙纹身姿矫健灵动飘逸，而凤纹昂首挺胸大步向前，结构适当运用极好地塑造了主体的外貌形象，而且折射出自信、向上的精神力量（图2-30）。

（二）C形

C形结构模式以构形元素左右对称的组合为特征，彼此之间形成一种相对而立、互逆对旋的关系，总体上呈现很强的均衡感和稳定感，然而这种相对平稳的形式感中，包含着互逆对旋的运动张力，故而平中见曲、稳中寓动，别有一种生动的姿态。在这一结构模式中，由于对立双方的沟通连缀有两种方式的变化，其形式品格自然不尽一致。一种方式为"相对内旋"，对立双方的沟通连缀或平和顺节、宛转流畅如勾卷形内敛式基本结构形象，或对冲尖起，急停急转，皆造成张力蕴藉的稳定感和气象充实的饱满感；另一种方式为"相反外旋"，对立双方的沟通连缀如枝杈分合、双流交汇，呈现力势外溢、高扬飘举的生动姿态。其生动性因为对称格局而不失均衡感和稳定感，相对而言，后者虽然生动但不如前者圆润饱满、含蓄稳重，以致略显轻飘。

相对于S形结构而言C形结构的图案，显现的动感不是很强烈，因而也更具稳定感，其结构强烈的对称性更加突出了图案的秩序感，图案单元之间可以互相穿插组合，整体风貌更显统一（图2-31、图2-32）。

图 2-31　C形的不同状态

图 2-32　C形的图案应用

图 2-33　C形在服饰设计中的应用

（三）囧形

囧，古代指窗明的意境。雷圭元先生在其所著的《中国图案作法初探》一书中根据囧字的喻意及使用氛围将囧形结构分为圆囧形结构和方囧形结构，囧形结构主要是指在圆形框架中用圆滑的曲线或勾卷形对画面进行分割的形式，这种结构是由中国传统的太极图形演变而来（图 2-34）。囧形结构形式动感方向呈曲线移动，总体构图饱满而富于变化，形成了涡线的动势，这些逐渐改变方向和位置的动态形式显得优美而具有活力，同时包含着扩张力，具有力度的曲线顺着边框方向运动，不同形态线使形式的动感产生变化，从而形成不同的形式风格，服饰图案富丽充实风格的主要成因之一，就是运用了这种富有内在张力的结构。

动感是体现生命力的根本，动感是绝对的，静感是相对的，动静的结合则不仅增加画面的丰富性，更使动静两种表现形式相得益彰。如图 2-35 所示的图案，中心的主体花纹四平八稳，与周围极具旋转感的涡形图案形成鲜明的对比，而涡形所具有的力的方向引导人们的视线看向中心的主体物。曲线方向的变化明确了画面动感的整体性和层次性，动感的方向、强弱及主次发生变化，使得构图随之发生相应变化。如图 2-36 所示的圆形图案画面中结构线方向的变换使各个部分呈现不同的流向，形成一种互逆感，达到动量上的一种平衡，加之图案各部分面积大小上的区别及主体形象的动态使整体具有明显的动感方向，这种紧与松的重点变化，在群体形象的构图中有效引导了

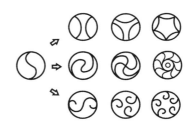
图 2-34　囧形的不同形式

图 2-35　囧形的图案应用

图 2-36　囧形的图案应用

图 2-37　同形在服饰设计中的应用

人们的视觉流程（图 2-37）。

总体而言，具有涡旋向内或向外的力势，形成不同方向的动感状态。如果说 S 形和 C 形结构体现的是图案在单一方向形成的顺畅的发散式的流动感的话，那么同形结构在图案中的运用则更加注重的是体现图案整体所具有的团聚感，特别是中心图案相对具有的静止感使得周围曲线呈现的动感力度大为加强，观察者的视线随着曲线的运动从左至右、从上而下的移动，而重点形象成为视线中节奏的停顿点。

二、勾卷形与其他形结合

勾卷形强大的演绎能力不仅表现在自身基本形与基本结构的变化上，更主要在于与其他形的结合及组织形式上所具有的多样性。就构形形态而言，除了勾卷形同形反复数量增值的形式，还出现了与其他非勾卷形组合构形的形式，而这两种形式又有各自不同的变化方向，使得勾卷形的构形形象愈加丰富。

（一）勾卷形同形之间的组合变化

勾卷形同形之间的组合在服饰图案中表现有叠加、套合及相交等诸多形式，这些组合形式既保留了勾卷形的风格精神，又具有不拘一格的多样性。同形在竖直方向上的叠加使平面化的形态呈现出立体化的视觉效果，由于这种特性叠加形随着角度的旋转和位置的翻转产生了丰富的视觉效果，而同形叠加自然显露的秩序感使这种丰富性得到统一，使整体图案和谐而富有变化。此外,勾卷形的强大的叠加组合能力使其形象宛如行云流水，不息演变，简单的构形元素加以灵活多变的运用，显得洒脱自然、和谐生动；同形的套合指的是一个或多个单形的轮廓以线或面的形式嵌入一个大的轮廓里面，在图案构成中起着加强力量感、运动感和速度感的作用，图案中的同形套合是以线的形式出现的，不仅加强了勾卷形主体的翻转扭动之感，而且渲染了流动的趋势；同形的相交指的是单形部分或全部与另一单形相交，具有多样性，丰富多彩（图2-38）。

（二）勾卷形与其他形之间的组合变化

　　相对于同形之间的变化，勾卷形与其他形的结合更加显示出它强大的演绎能力，一般来说，可把其他形分为简单形与复杂形两类进行分析。与简单形的组合，打破了勾卷形基本组合结构的单一性，且具有一种"扣散"的散漫形象构成样式，这种样式更为自由、随意的演绎则形成了复杂的图案形象（图2-39）。

　　勾卷形与复杂形的组合包含了两种方式：一种是勾卷形以完整的单形出现在图案的局部，成为所饰题材中组形的一部分，勾卷形作为花枝、花心出现在植物图案中，作为鸟的尾翼出现在动物图案中，它们都具有完整的基本结构形象，容易让人识别（图2-40）；另一种是勾卷形与其他造型融为一体，充分发挥其"衍化"的性能，这种方式是勾卷形独特魅力所在，也是造成服饰图案华美生动的根源。在这种形式中表现在装饰形象上的生动性是广泛的，它不仅仅属于勾卷形本身，还属于植物纹、动物纹或其他主题的装饰图案。其形式演绎的新气象表现为与鸟兽、植物等形象相互融合，集中体现了勾卷形的旋绕盘曲、生动飘逸的形式意味，成为一个人文与自然、理性与感性、观念与形象、营构与写生交融统一。

（三）勾卷形之间的互相穿插

　　基于构形元素和组合模式的种种形态学特性，勾卷形的演绎空间如海阔天空，无比宽广巨大。它不但能够在一切任意的平面与空间范围中作高度自由的变化安排，造就卷云纹、卷草纹、缠枝纹等千差万别的形象，也可以在限定形状的规则平面与空间范围中，做十分自如的适合处理，构成与圆形、方形、角形等相适应的规矩严谨的图案，其中最为突出的是勾卷形之间互相穿插、互相装饰的特点，同形或异形之间的勾卷形在与主

图2-38　勾卷形同形之间的组合

图2-39　勾卷形与其他形之间的组合变化（一）

图2-40　勾卷形与其他形之间的组合变化（二）

图2-41　多个勾卷形　　　　　　　　　图 2-42　服饰中勾卷形的综合运用

体图案结合的同时变换各自的角度，互相借用，使得图案内部变化丰富，而勾卷形所具有的大体特征使整体得到统一。

　　勾卷形之间的互相穿插具有很大的灵活性，勾卷形的变化和组合所体现出来的虚实相生、婉转自如的抒情性和韵律感，摆脱了中国装饰艺术原先沉重的说明性负担，主要是由于审美的形式得到了自由发挥。勾卷形之间的互相装饰并不是乱无规章的，它成为一种构形特点被运用在图案中，使图案造型总体成卷曲蔓延之势，由勾卷单形叠加而成的装饰单元多半用在图案主体形象弯转的"结构点"上，也就是说，顺着主体卷曲的趋势，在转折的地方加以一个或多个勾卷形，以增强运动的力度和速度，无不体现出饱满的造型力度，从而演变出众多精美绝伦的服饰图案（图2-41、图 2-42）。

第三节　服饰图案的结构造型形式法则

一、对称与均衡

　　对称，是指左右或上下的均齐；均衡，是指人们追求视觉上的安定感。对称与均衡是使画面达到平衡的主要形式，是图案组织的两种基本形式，是在图案设计中寻求稳定平衡和重心平衡的两种方法。

　　图案中的对称一般是指在一假设的中心线或中心点的上下、左右两个方向或周围（三方、四方、多方）配置同量、同形、同色的图案。对称是一种绝对平衡，是美感的最常见形态，它给人的感觉是秩序、庄严，呈现出一种平和安静的美。自然界中对称的美表现在各个方面，如人体的躯干、四肢、五官都是对称的，这种在视觉感官上取得的力的平衡，会给人一种完美感。

对称是相同的重量或相同的图案等距离配置在对称轴的两侧，是一种同行、同量的组合。我国传统的建筑，大多是对称的，特别是宫殿、庙宇的建筑设计，以及一些建筑屋顶上的"藻井"图案也多采用对称的表现形式。这种对称式的建筑和图案，代表"皇权"和"神威"，象征"稳定"和"统一"。在人们的日常生活中，对称设计的形式应用很多，如婚礼所用的"双喜"红字，一方面，表现它成双成对的美，另一方面，在形式表现上，也凸显安定的美感。

对称图案可分单对称（左右齐）、双轴对称（四方均齐），又可细分为绝对对称和相对对称两种组织形式。从构图上又分为相背式、相向式、交叉式和综合式，综合式是图案组织形式，是相背、相向与交叉、直立的综合运用，如图 2-43 所示。

均衡，是对称结构形式上的发展，由形的对称转化为力的对称，体现"异形等量"的外观，是心理平衡的形式。均衡在形式上比对称自由，它可以没有假设的对称轴，而靠经验、感觉来掌握和处理视觉中心的平稳。图案中的平衡不但表现在造型上，也体现在构图和色彩上，从视觉和心理上给人以稳定、平衡、优美的效果（图 2-44、图 2-45）。

图 2-43 对称图案

图 2-44 均衡图案

二、条理与反复

由于装饰的需要，图案必须具有条理、整齐的美感；由于制作的

图 2-45 均衡图案在服饰中运用实例

工艺性，反复的组织形式能为装饰过程和工艺带来省时、省力、省料的多种方便。条理与反复伴随着连续与秩序，是图案的一种组织形式。条理是有条不紊；反复是在一定空间距离内的重复出现，产生连续的效果。自然界里的动植物中的许多现象都呈现出条理与反复这一规律。禽鸟类身上的羽毛排列、鱼鳞的生长状态、叶片上的秩序排列、水中的涟漪等都是重复或渐变的现象。在生活中，属于条理和反复的例证不胜枚举。

条理与反复具有整齐、统一与和谐的美感。二方连续图案、四方连续图案就是表现了条理与反复的美。在图案设计中，凡是有秩序排列的造型，冷暖、明暗、纯度的变化与呼应的色彩，或在构图中出现聚散、轻重、虚实等，都会呈现条理与反复的形式美感（图2-46、图2-47）。

三、节奏与韵律

节奏和韵律是图案设计常用的手段方法，节奏和韵律是指伴随着流动，表现在视觉秩序上的运动美感。节奏和韵律可以使图案形成统一和谐、强弱刚柔、旋转流动、发射聚散、浓淡明暗等形式美感。

节奏是事物的一种特有的机械运动规律，节奏本身没有形象的概念。韵律是指节奏之间转化时所形成的特征，如轻快、缓慢、平稳、激越、起伏等变化。韵律使节奏富于有表现意味，能引起人们感情上的共鸣，这一点在音乐作品、诗朗诵中比较容易领会。自然界中的植物叶片分布、枝叶疏密关系、花瓣的渐层排列、藤蔓的卷曲和延伸、飞禽羽毛排列及虎豹斑马等动物斑纹的隐现等，都有节奏、韵律的因素。在图案设计中，只要运用大小、高低、强弱等渐变关系，或转换、聚散、反复、间隔、跳动等手段，

图2-46 条理与反复

图2-47 条理与反复在服饰中运用实例

按一定的比例加以图案装饰组合，就能得到有节奏、有韵律的形式美（图2-48，图2-49）。

图 2-48　节奏与韵律

四、对比与调和

图案设计经常表现对比美和调和美，它们是图案设计的重要条件。对比是变化的一种方法，调和是统一的表现。在图案造型、色彩、组织和构图中，对比与调和始终是相互依存、相互促进的。一般遵循的原则是"整体调和，局部变化"。以调和为主体的图案设计会产生严谨、素雅、端庄的美感风格，只要在设计中加入一些对比的变化，就会避免容易出现的呆板、冷峻的缺点。以对比为主体出现的图案设计会产生活泼、热烈、生动、多样性和差异性，只要在设计中加入一些统一的要素，就会避免凌乱、繁杂、动荡的缺陷。总之要尽量做到适当安排，在调和中求变化，在对比中求调和（图2-50、图2-51）。

图 2-49　节奏与韵律在服饰中运用实例

五、比例与分割

比例具有尺度的概念，自然界中的一切形体均含有合理的比例数值。比例和尺度是生产中的一种规范，黄金矩形的长边和短边之比就是比例尺度的美，即数理美的矩形。图案设计要在一定的比例尺度的制约下进行，这种比例尺度的美，是人类长期以来经验积累的结果。图案中的块面大小、素材形象的安排、线条长短粗细、构图排列的疏密以及色彩的配置等都应当采取相应的比例加以处理。比例可以夸张，可以增强或减弱，但是绝不能脱离一定的视觉范围和形式美的规律。

分割是比例的手段。图案的分隔处理，是指将图案外轮廓线内的整体块面分成几个明显的区域和比例安排，一般包括竖线分割、横向分

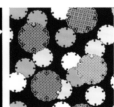

图 2-50　对比与调和

图 2-51　对比与调和在服饰中运用实例

隔、斜向分割、曲线分割、自由线分割、局部分割等。不同形状的分割具有不同的情调，直线分割追求单纯、严肃的风格；曲线分割追求优美、活泼与柔和的风格。在具体应用分割布局时，首先是根据设计的目的确定分割线的位置和方向，其次才是线条或形象的造型（图2-52、图2-53）。

六、动感与静感

动与静是生活中一种自然现象，也是图案所要表现的效果。山是静止的，水是流动的；建筑物是静止的，行人是运动的。动与静是相对而言的，风平浪静时的静，不是绝对的静；小河的波浪、大江的波涛和大海的排浪有着强弱的区别；熊猫和猴子相比，熊猫较文静，猴子则喜欢跳动；等等。在图案设计中，变化的因素越多，动感越强，统一的因素越多，越有静感。图案中的美感中很强烈的要素就是动与静的对比关系。水平线是静止的，曲线具有动感；对称的形式，倾向于静；平衡的形式，倾向于动；调和色倾向于静，对比色倾向于动；冷色倾向于静，暖色倾向于动；高明度亮色有动感，低明度暗色有静感；大点状造型有动感，密集小点有静感和素雅感（图2-54、图2-55）。

图 2-52　比例与分割

图 2-53　比例与分割在服饰中运用实例

图 2-54　动感与静感

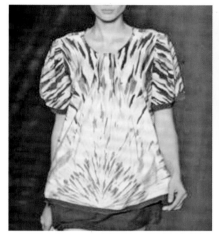 

图 2-55 动感与静感在
服饰中运用实例

七、统觉与视错

统觉是在视觉所看到的主体形象，具有主导或统领作用。当视线集中在一幅图案的某一点时，是一种形象，当视线转移到另一点时，却是另一种形象，这种现象称为统觉。平面构成中称为"形与底的转换"，心理学上则称为"知觉选择"。

统觉现象在染织图案中比较常见。一般在规则的、均齐形式图案中，常常会产生统觉效果。统觉的作用是能形成有统一整体的图案，即统一的感觉。

视错，是由两种以上的构成因素构成，一种因素对另一种因素起作用，在视觉上引起的一种现象。由于形与形、形与空间的对比关系，造成视觉上的错误，把长看短、把大看成小等。视错可分点视错、线视错、形视错和色视错等。例如同样大小的点，在小空间中感觉大一些，在大空间中感觉小一些。形视错又分对比错视、分割错视、角度错视等。

视错现象在生活中经常可以见到，如穿一身黑衣服的妇女，要比她穿白衣服显得更苗条些；穿横条格服装比穿竖条格服装更丰满些（图 2-56、图 2-57）。

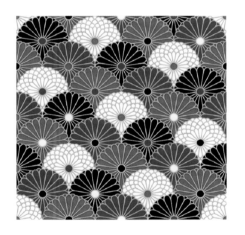

图 2-56 统觉与视错

图 2-57 统觉与视错在
服饰中运用实例

本 章 小 结

　　学习任何设计都要了解掌握美学原理及其应用，本章首先讲解了每一种构形方式在服装设计中具有哪些表现形式、如何在设计中具体应用，以及不同的造型元素或同一造型元素不同的组合方式适合用于哪些服装品类等。其次，本章还讲解了不同形式美原理的概念、形式美及其在服装中的应用，学习服装设计的学生应该在充分掌握这些原理的基础上灵活运用于设计实践中，从不同角度深入剖析服装设计的设计内涵。

思考实训题

　　1. 简述服饰图案中的直线构形方式包括哪些内容？
　　2. 简述服饰图案中的曲线构形方式包括哪些内容？
　　3. 简述服饰图案的结构造型形式法则有哪些？说明统觉与视错的关系。
　　4. 运用对称与均衡、条理与反复、节奏与韵律、对比与调和、比例与分割形式法则设计黑白图案各一幅。

第三章
服饰图案创意设计

课程名称

服饰图案创意设计过程

课程内容

服饰图案创意设计的素材收集

服饰图案设计方法

服饰图案设计的表现形式

上课时数

12 课时

训练目的

向学生解释服饰图案创意设计的过程,让学生掌握服饰图案设计素材的收集、设计的方法以及在服饰中的应用表现,引导他们成为思想型、应用型的创新人才。

教学要求

1. 使学生了解服饰图案创意设计的素材收集

2. 使学生了解服饰图案设计的方法

3. 使学生掌握服饰图案设计的表现形式

课前准备

阅读服饰图案设计与应用方面的书籍。

　　面料是服饰图案的载体，图案无论是采用织绣还是印染，都要考虑到与服饰面料材质相协调，并能形成较强的亲和力。服饰图案设计一方面是针对面料上的图案设计而言，另一方面指在服饰部位上的装饰图案设计。面料设计与应用是服饰设计师发挥潜能和突破款式设计瓶颈的重要手段之一。服饰面料除了肌理设计以外，图案的设计为服饰设计师创新提供了一个更大的设计空间。恰如其分的图案设计能很好地表现服饰的色彩、韵律比例和对称之美感。由于服饰的贴体性以及面积相对小的原因，决定其款式变化及结构设计的简单化，相对来说服饰装饰图案设计的作用却显得非常重要。同时服饰图案的设计还要考虑时尚的流行趋势以及图案与组织形式等因素。

第一节　服饰图案创意设计的素材收集

一、抽象图案素材

　　抽象图案是以几何形如（方形、圆形、三角形、菱形、多边形等）为基本形式，通过理想式的主观思维对自然形态加以创造性地发挥而产生的一种新式图案。它不完全受自然形态的束缚。人类的造物，虽然有仿生的方式，但从总体上看来，主要是几何形体的，无论器物、工具还是建筑，几何形图案是最容易让人感知的图案构成形式。在近现代，由于新技术的发展、设计手段的多样化以及现代派艺术对抽象图形的重视，几何形图案的某些特征、内涵被加以延伸和扩大，几何抽象图案出现了新的审美特征。它具有图案的典型意义和代表性。它不仅包含了图案变化、结构、形式的总体特征，而且奇妙地与其他艺术形式和艺术之外的科学思维、创造方式等有着内在联系，从而引起了人们的广泛兴趣和注意（图 3-1）。

　　抽象几何形主题的服饰图案设计，多为针对性服饰图案设计，即针对某一特定服饰所进行的设计。抽象主题图案没有固定的风格，而是在超现实主义中寻求心理的即兴表现力量，作为发现个人神秘感和激发潜在想象力的手段。例如蒙德里安的冷抽象，康定斯基的热抽象以及克利、米罗等大师的作品都具

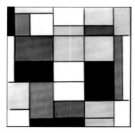

图 3-1　抽象几何图案的应用

有代表性。现代主义抽象派绘画或后现代的新表现主义绘画作品，也都是设计师比较中意的抽象图案，由这些绘画作品延伸出来的服饰图案往往超凡怪异、中心形象突兀，恰当地运用会产生不同的视觉冲击效果（图3-2）。

二、自然图案素材

服饰图案大多取材于日常生活中各种活生生的物象，比如飞禽走兽、花鸟虫鱼、家禽家畜、农舍车马等。还有中国传统图案中的狮子滚球、双龙戏珠、凤凰牡丹、鸳鸯戏水等象征吉祥如意的图案，以及各民族传统的自然图案。如象征富贵的宝相花牡丹图案，象征权力的龙凤图案，象征长寿的仙鹤松树图案，都作为一种较为固定的格局被保留下来（图3-3）。特别值得一提的是，有一种世代相袭的、似有某种神圣含义的"窝妥"旋纹，在少数民族服饰图案中占有突出的地位。

在缤纷绚烂的自然界中，我们时常看到变化莫测的浮云、绚丽多彩的云霞、一望无际的麦田、层层叠叠的森林、盛开的花朵、漂亮的鸟羽、各种动物的毛皮等，大自然孕育了丰富的造型和肌理，这些都可成为服饰图案设计的天然主题。在此，对常见的植物图案及动物图案进行具体阐述。

图3-2　抽象几何图案在服饰中的应用

图3-3　自然素材的设计应用

图 3-4　植物图案（一）

图 3-5　植物图案（二）

（一）植物图案

植物图案在服饰图案的设计中多为利用性设计，即利用面料原有图案进行有目的的、有针对性的装饰设计，尤其用在多姿多彩的印花织物上。花卉类图案在我国的装饰题材中占据统治地位，不仅适宜于服饰，也被建筑、瓷器、工艺品等其他领域广泛使用，是人们最熟悉的装饰图案。此类主题的图案历史悠久，而且分流成东西方图案的要素。在西方，装饰中的花卉图案不胜枚举，如文艺复兴、哥特时期出现的西番花，欧洲壁毯中经常使用的小花朵，法兰西徽章上的百合花等。埃及、印度、古代波斯、中国的图案以植物为主题的有棕榈、睡莲、菩提树、石榴、牡丹、莲花、玫瑰花、菊花等，其中具有代表性的植物类图案有玫瑰花图案、郁金香图案、牡丹花图案、喇叭花图案等（图 3-4 ~ 图 3-8）。

图 3-6　植物图案（三）　　　　图 3-7　植物图案在服饰设计中应用实例

图 3-8　服饰设计灵感来源

（二）动物图案

动物作为服饰图案设计的主题是极为丰富的。无论是美丽的毛皮纹路，还是生动的动物造型，都是充满现代时髦感的服饰设计风格（图3-9）。时尚、随意和个性化是此类花纹的主要特点。从日常所接触的家禽、家畜，到深山大泽中的狮虎豹、飞鸟鱼虫，都常现于服饰图案中。蝴蝶图案具有一定的造型美感，一直是女装服饰图案装饰的首选之一，也是苗族服饰图案中必不可少的图案（图3-10、图3-11）。

动物图案被广泛应用于现代服饰图案设计之中，典型的动物图案有鸟羽纹、蛇纹、虎纹、斑马纹、豹皮纹等。采用虎、豹等猛兽的兽皮图案，不仅具有野性气质，也体现出

图3-9　十二生肖图案

图3-10　蝴蝶图案

图3-11　蝴蝶图案在服饰设计中运用实例

一定的异域风情。除此之外，具有民族特色的羽毛或骨质首饰、色彩绚丽的皮绳、镶有羽毛缀饰的包袋以及可缠绕围系的鱼皮凉鞋等，都是动物题材在服饰图案中的应用，它们使服饰图案更丰富、生动，给人以更强烈的视觉感受（图3-12）。

图 3-12　动物元素图案的应用

三、艺术素材

（一）波普艺术

　　波普艺术主题服饰图案设计，属针对性服饰图案设计。波普艺术是英文 Popluar Art（大众艺术）的简称，最早起源于 20 世纪 50 年代的英国。美国的波普艺术与抽象表现主义有直接的联系，流行文化提供了非常丰富的视觉资源，时装女郎、广告、商标、歌星、影星、卡通动画等，这些图像被直接搬上画面，形成一种独特的艺术风格。

　　波普艺术以一种乐观的态度对待流行时代与信息时代的文化，并通过服饰等现实媒介拉近了艺术与公众的距离。在波普图案设计中，在色彩方面，大胆运用对比色，服饰设计师引用一种或几种人物或物体作为画面的基本元素，多次重复后，将它们排列组合（图 3-13）。

（二）绘画艺术

　　绘画艺术主题服饰图案设计，也属于针对性服饰图案设计。围绕绘画主题进行服饰图案创作的设计方法由来已久，时装设计师不断从绘画艺术中汲取营养和创作灵感，现代印染技术的发展也为设计师提供了丰富的表现手法，使服饰图案设计师的创作更为自由。因为有了数码印刷技术，古典绘画作品可以瞬间呈现在服饰上。受绘画的影响，服饰及服饰图案设计呈现出明显的绘画风格（图 3-14）。自 20 世纪 60 年代开始，西方现代绘画题材被广泛地运用在服饰图案设计上。例如，美国服饰设计师维塔蒂尼，将毕加索的绘画应用于针织服饰的图案设计中，金属色、灰色、棕色的不规则色块，使穿着者显得洒脱、富有男士气概。现代服饰设计中，运用中国画的水墨渲染风格，将中国传统艺术中的花卉、飞鸟、游鱼等有吉祥象征意义的图案元素融入晚礼服、日常生活服饰当中，并在工艺制作和造型处理上，注入现代时尚的元素，显露喜庆吉祥、祈福消灾、寄寓理想与希望。

图 3-13　波普艺术的应用

图 3-14　绘画艺术的应用

（三）建筑艺术

建筑艺术主题服饰图案设计，是指按照美的规律，运用建筑艺术独特的艺术语言，使建筑形象具有文化价值和审美价值，具有象征性和形式美，体现出民族性和时代感。从总体来说，建筑艺术是一种实用性与审美性相结合的艺术，随着人类实践的发展，物质技术的进步，建筑越来越具有审美价值。服饰设计师吸取古今中外各种建筑艺术元素，将其作为灵感来源，依托于现代服饰设计表现出来，更好地诠释了建筑艺术的文化和审美价值。例如，罗马式、哥特式等建筑风格，被现代服饰设计师广泛应用到服饰设计中（图 3-15、图 3-16）。

四、民族民俗素材

图案是人类记录生活经验和表达审美意识的特殊语言，是传承历史与文明的重

图 3-15　哥特式建筑风格在服饰设计中的应用

要载体。图案在事实性结构中以一种图形符号的方式展现，它本身可能仅仅是一种视觉形象，但当进入到活动经验与人的思维发生联系，便拥有了无穷无尽的意义世界。运用世界各地、各民族的传统图案作为面料的花纹，或以具有异国情调的风土人情为主题，常受人们的青睐。以民族、民俗为主题的图案不但繁荣了染织史，而且成为引领图案设计潮流的样式，在很大程度上配合及表现着民族风格的服饰外貌（图 3-17、图 3-18）。

由于近几年在服饰界流行着东方的、复古的潮流，以中外传统图案表现的面料图案受到欢迎。典型的民族图案有佩兹利涡旋纹、夏威夷印花图案、美洲印第安图案、印度印花、爪哇蜡染印花、东方风格图案和中国蓝印花布、扎染图案等。中

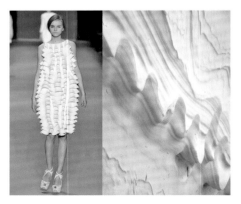

图 3-16　建筑艺术在服饰设计中应用

图 3-17　民族服饰

华民族有五千年的悠久历史，彩陶、青铜、玉器、漆器、金银器、瓷器、印染织绣、建筑等形成了各具典型文化内涵的图形和纹饰，我们可以从中吸取图案及变形方法，借鉴色彩组合手法，进行图案的设计。如图 3-19 所示为 2008 届欧迪芬杯服饰设计大赛中借鉴中华民族文化图形的设计作品。

图 3-18　民俗元素的服饰图案设计

　　中国传统民族图案饱含着丰富的民族情感、民族历史、地域文化、民俗传说、对自然的崇拜和人们对美好生活的向往。传统民族图案以其特有的稳定装饰系统和装饰手法植根于根深蒂固的象征寓意中，赋予装饰语言独有的深度内涵和地域文化艺术风貌。经历史的沉积而逐渐形成代表一定意义的符号。

　　民间流传的图案是在长期生活积淀中形成的，是一种被人们普遍接受的定型化符号，服饰图案可以从民间吉祥图案中汲取灵感。民间图案常常以谐音将物形象化，如用蝙蝠动物来表达"福"的寓意，莲花与鱼象征"年年有余"，喜鹊与梅花象征"喜上眉"等，设计师可以通过人们便于意会和联想到的事物，用图案形式间接地传达符号的寓意（图 3-20）。

图3-19　2008届欧迪芬杯

图3-20　民间图案

五、卡通图案素材

千姿百态的卡通形象，如米老鼠、兔八哥、加菲猫等，由于它们在卡通片中的精彩表演，征服了世界各地的观众，尤其深受儿童的喜爱（图 3-21）。现代卡通形象设计以其特殊的艺术表现形式和创意设计，被年轻人所接受。各种各样的卡通形象趣味各异，表现出了新的时代气息，服饰图案设计可以借助于这些卡通形象，如Hellokitty、小熊维尼、史努比等，不断为人们带来深切的精神享受，尤其受儿童欢迎。

总之，图案设计的题材很多，表达的内容也非常广泛，设计师除了从本民族的和其他民族的图案中汲取灵感，更要善于从自然的或是社会的物象中提炼和挖掘服饰图案设计创作的素材，灵活地运用到现代服饰的设计当中。

图3-21　卡通图案在服饰设计中的应用

第二节　服饰图案设计方法

服饰图案设计是通过一定的艺术手法，运用形式美的规律、法则，通过构思、布局、造型和用色，设计出具有一定表现力与装饰性，并适用于服饰的图案设计。服饰图案设计方法主要有夸张法、概括法、变异法、几何法等。

一、夸张法

夸张不是对物象简单地放大，而是针对物象的外形、神态、习性，将它最典型、最突出的特征加以强调和突出，使形象更鲜明、强烈和完美。夸张法主要运用物象的形态特征，在结构、比例、动态上进行改变和加强，以便达到图案的统一与完美。它的效果可以使圆的更圆，方的更方，长的更长。例如，在服饰设计中充分运用图案的夸张作用能有效遮掩体型的不足，因为夸张的图案有转移视线的作用，同时可起到修饰的效果（图3-22）。

图3-22 夸张法服饰图案设计

二、概括法

是一种将物象省略化和抽象化的设计，取舍与概括不是把物象简单化，而是简化物象特征不突出的地方。简化的目的是去粗取精，用审美的标准提炼升华，使图案形象一目了然，达到高度概括的地步。这样的简化提炼，容易抓住物象特征，突出主题。概括性的图案在服饰设计中往往起到画龙点睛的作用（图3-23）。

图3-23 概括法服饰图案设计

三、变异法

一是指利用添加法将物象特征理想化，使图案表现技法有机地、巧妙地组合起来，表达更完美的装饰效果。如常用的花中套花，叶中套花的方法。二是指物象的置换和空间的变异，对于无生命物象赋予其生命形象，而用有生命形象取代无生命物象，利用这种"观念的联合"想象，创造出崭新的形象，完成的服饰图案具有未来感（图3-24）。

四、几何法

在保持图案结构形态不变的情

图3-24 变异法服饰图案设计

图 3-25　几何法服饰图案设计

图 3-26　几何法设计的图案

况下，将图案的细节部分分别归纳为与其近似的几何图形，经过这种手法设计的图案更具概括力（图 3-25、图 3-26）。

第三节　服饰图案设计的组织形式

从造型上看，服饰图案主要采用中国传统的线描式或近于线描式的以单线作图案轮廓的手法，抓住形象的主要特征，在写实的基础上夸张、变形，同时，借助深浅不一的点、长短不齐的线、大小不等的面、似是而非的形，使之既富于变化而又和谐地组合在图案之中。

从构图上看，图案虽然有疏密聚散的变化，但同绘画的构图相比较，它并不强调突出主题，不讲求主从关系的变化，大多数图案采用满地花的构图方法以适应服饰整体感的要求。至于对称或均衡的结构、放射或同心的布局、团花与角花的呼应等在图案的构成上得到了反复广泛的运用，从而表现出服饰图案独特的艺术魅力。

一、单独图案

单独图案是独立和完整的图案，不与周围发生直接联系，是图案组织的基本单位。内衣设计中的单独图案主要表现在对某一部位的装饰性设计上。如针对文胸中耳仔、鸡心或罩杯部分等的设计（图 3-27、图 3-28）。

图 3-27　单独图案的设计应用

图 3-28　单独图案的服饰设计

二、适合图案

指适合于某种外形轮廓中的图案。外形轮廓可以是几何形，如方形、圆形、半圆形、椭圆形、三角形、长方形、菱形、五角形、角隅形等。适合图案在服饰中的领部、胸部和下摆部位都有很好的应用（图 3-29）。

三、连续图案

连续图案是相对于单独图案而言的。一般分为二方连续和四方连续。二方连续是指以一个单位图案作左右或上下或倾斜或首尾相接等排列的形式。在服饰设计中大多体现于花边、肩带等图案的设计中。四方连续则是以一个单位图案作上下和左右四方

图3-29　适合图案的服饰设计

的重复排列，它是一种可无限扩展的图案。多体现在内衣设计的蕾丝花料和印花面料中（图3-30）。

图3-30　连续图案的设计应用

本章小结

　　服饰图案设计一方面是针对面料上的图案设计而言，另一方面指在服饰部位上的装饰图案设计。面料是服饰图案的载体，图案无论是采用织绣还是印染设计，都要考虑到与服饰面料材质相协调，并能形成较强的亲和力。在素材的选用、表现的手法以及装饰的位置等方面都要依附于服饰的造型风格以及穿着对象而定。恰如其分的图案设计能很好地表现服饰的色彩、韵律比例和对称之美感。同时服饰图案的设计还要考虑时尚的流行趋势以及图案的组织形式等因素。服饰图案的设计与运用，一方面可以提升服饰的品位，增加视觉效果，起到修饰和美化人体的功效；另一方面服饰上的图案设计从某种意义上提高了服饰的附加值。

思考实训题

　　1. 服饰图案创意设计的素材可分为哪几大类，具体包括哪些内容？

　　2. 服饰图案设计方法有哪些？

　　3. 花卉写生练习。用线描画出 10 种花卉形象。

　　4. 将写生花卉进行图案变形设计。夸张、变异各 5 个，每幅 15cm×25cm。

　　5. 收集单独、适合、连续图案各 5 个。

第四章
服饰图案设计与创新

课程名称

服饰图案设计与创新

课程内容

服饰图案造型设计

服饰图案色彩设计

服饰图案构图技巧

服饰图案设计制作

上课时数

12 课时

训练目的

能够随着人们的生活环境和水平相对应地进行服饰图案的更新与创造。不仅能提炼出中国传统图案的精华,最重要的是要结合现代审美标准,充分考虑服饰的时代性、地域性特点,强化时代风貌的表现和运用,通过多种途径打破传统图案,体现出时代感。并且将具有东方风格的各种因素,巧妙地融入西方化的特征,掌握传统图案传承和创新的另一实现途径。大胆创新,融入鲜明的个性,以得到消费者的关注与认可。

教学要求

1. 服饰图案造型设计

2. 服饰图案色彩设计

3. 服饰图案构图技巧

4. 服饰图案设计制作

课前准备

准备些传统经典图案及现代时尚图案,用现代计算机技术或交叉学科方法进行形状变形、组合、重构等;也可以用计算机对其颜色进行置换,用计算机辅助设计可以提高工作效率,在课前可以熟悉 photoshop 等相关平面设计软件。

设计的本质是创新。在市场经济中，产品的创新是生产过程中非常重要的一个组成部分，它对企业是否能达到经营目标和提高市场竞争优势，起到重要作用。在服饰图案设计过程中，服饰图案的创新性、亲和性和宜人性表现最为集中和突出的阶段是产品概念设计阶段。然而，创新是建立在大量知识和信息的基础上的，要求设计人员具有较高的信息搜索能力和驾驭能力。因此，将概念设计的创新研究与计算机技术紧密结合起来，利用人工智能技术等，采用多种面向创新的服饰图案设计方法，可以开拓创新的新局面。将创新理念与设计实践相结合，发挥创造性的思维，将科学、技术、文化、艺术、社会、经济融汇在设计之中，设计出具有新颖性、创造性和实用性的新服饰图案。满足了市场与消费者的需求，从挖掘传统图案内涵出发，赋予老图案以新的功能、新的用途。采用新材料、新方法、新技术，提高产品质量、提高服饰图案的表现效果与实用功能。

第一节　服饰图案造型设计

一、图案造型的创新设计

将自然形态的素材转变为装饰图案，是图案形象的造型，其目的是为了适应于各种工艺及装饰的需要。

（一）对自然形象进行概括加工创新就是"去粗取精、去繁就简"的过程

选择自然形象中最真实、简洁、精美、生动的部分，使图案造型比自然形象更美、更典型、更理想和更带普遍性，从而更受人们的喜爱。如图 4-1 所示为太阳花图案的艺术处理与服饰应用。

（二）图案造型创新要适应工艺制作要求

各种工艺美术品因制作材料、技术手段和工艺过程的不同，对装饰图案造型的要

图4-1　太阳花图案
的艺术造型处理

求就有所不同。用于仿毛的装饰图案，侧重于形象的线面组合（图4-2）。印花图案应突出形象的外缘特征（图4-3）。用于蕾丝的图案，应有利于多层次的互相衬托。一些花边、蕾丝面料的镂空，则要求图案形象间的互相连接和呼应（图4-4）。各种织锦、网扣、挑花、补花、刺绣、地毯等的工艺制作，也都有不同的具体要求。

由于工艺制作的局限，要求全面表现自然形象丰富多彩的形和色是不可能的。图案造型的目的之一正是为了解决这种矛盾。虽然，由于科学的进步，某些工艺技术甚至可以将自然物的形象和色彩充分地表现出来，但就整个印染、印刷和其他工艺来说，极大部分还存在工艺技术的制约和局限。

另外，由于人们的爱好和需求，也需要生产一些价廉物美的单色或套色产品，因而也需要一些简练的图案（图4-5）。

作为设计者，应具有反映自然形象、提炼自然形象、运用和加工自然形象的能力。

图4-2 仿毛图案线和面结合的造型表现

图4-3 印染图案的数码与手绘造型表现

图4-4 相互连接和呼应的蕾丝及花边造型

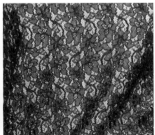

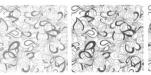

图4-5 蓝印花布与蕾丝工艺的组合创新设计

图4-6 不同材质与色彩的创新设计

图4-7 蛇纹造型的冷艳与豹纹造型
的野性之意境设计

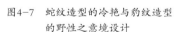

图4-8 各种花的造型及三维设计表现创新

二、图案造型创新的要领

（一）图案造型创新，首先要抓住对象的特征

自然形象的特征主要是形和色的构成。我们在染织品或其他针织品上所见到的装饰图案，就总体而言，图案的组织与服饰整体色调是极为重要的。色彩、组织、图案三者相辅相成，构成了物件的整体。将图案抽出单独看，则可看出形的运用是一个重要因素，图案形象的造型就更加突出。从一个单独图案看，色的方面并不加以苛求，这也是受工艺制作制约的原因之一。

像蓝印花布上的图案，仅仅是蓝、白二色；蕾丝工艺品上的一些镂空图案，仅仅是一色或二色，难以表达出丰富的层次及生动的形象。但在形象特征、表现手法的刻画上，设计者可以精心创造，抓住对象外轮廓的主要特征并且进行组合创新。有了特征，形象就丰富多样，就有所区别，失去特征，就失去了造型多样化的要领。同一图案中还有不同的色彩和材质表现的特点，也不应该忽视它。这些区别有利于创造典型的图案，也有利于形象的多样化，因此在创新图案时要注意，在进行图案造型时，更应着眼于此（图4-6）。

（二）图案造型力抓自然形象的生态、动态、
生长规律

自然界中的动物花纹的特征，蛇的冷血，其色彩和花纹用在服饰中给人以冷艳的感觉；豹子的极速飞奔，其花纹用在服饰上可以表现出野性之美（图4-7）。以花为例，自然界花卉有木本、草本、藤本的区别，还有生于水里的荷花、水浮莲、睡莲等，均有各自的生长规律；开放的木本玉兰花，是上升的姿态，同样木本的梨花、苹果花却是下垂的姿态（图4-8）。草本的大理菊，

其花呈左右、上下顾盼的多种柔和姿态；藤本的紫藤花，其花却是累累下垂而茂盛开放的姿态。同样下垂的槐花或江南槐，因是木本的，其生长姿态和紫藤花则有所区别；荷花与睡莲同生长在水中，前者生长在挺直的梗上而远离水面，后者则浮出水面贴水而生，两者的姿态显然不同。这些形象的图案造型美不美，生动不生动，与掌握它们各自的生长规律有着密切的关系。特别是一些适合图案要求适合于一个图形环境当中。如方形、圆形、菱形、三角形等，在图案的布局和安置上更不应忽视其生态、动态的刻画，否则容易流于呆板。

（三）图案造型可根据需要将特征进行夸张

夸张的过程就是取舍的过程，取舍什么，夸张什么，要依据图案对象的特征加以抉择，即取其特征的精华之处加以突出，不必要的部分则减弱、隐藏或舍弃。如孔雀开屏，可突出它的羽毛，适当缩小其身子；如蝴蝶，可夸张其触须或尾，使其灵活生动，飞翔自如（图4-9）。

有时在夸张的前提下，运用一种求全的手法使其特征更为明确。如在荷花中画莲蓬，桃花枝上画桃子。甚至荷花、水仙花、万年青等图案中，把花、果、叶、梗、茎、根一起运用。

这种夸张求全的方法，是以现实为依据，在自然的基础上充分发挥想象和联想，从而体现人们的一种理想。一些服饰图案经常用花套花、花套叶、叶套花、叶套叶的处理方法，在染织品上也常常看到这类图案，像佩兹利图案（图4-10）。这种方法可

图4-10　佩兹利图案

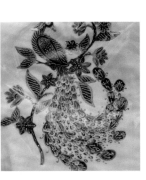

图4-9　蝴蝶和孔雀图案造型

图4-11　花套花平面及立体图案

促使图案形象更为丰富多样，使图案造型更富于变化。还可在一支主梗上穿插生长不同的花朵（图4-11），以象征百花齐放，在一支主梗上长出各种果实，以象征百果丰收。

还有一种手法，是在不失形象主要特征的前提下，巧妙地将形象结合在一起，使人感到新鲜别致（图4-12）。

图4-12　形象结合

（四）图案造型的表现技法

作为一名设计师，应掌握多种多样的表现技法，以便更好地适应工艺制作的要求（图4-13）。

三、图案造型的变化

图案造型的变化的主要手法是夸张变形。图案造型来源于自然又异于自然,将自然造型变为装饰造型的过程称为图案的造型变化。自然的造型虽然很美,但它远不能满足人们对美的多样需求。人们的生活需要更加理想、更加超然的艺术形象进行美化,并赋予其情感、神韵甚至语言。

图4-13　用工艺创新表现线条

图案的造型是构成图案的基础,加上巧妙的构图和优美的色彩,才能产生完美的图案。

（一）图案的写生表现技法

通过写生逐步培养我们敏锐的、精确的观察对象、分析对象、表现对象、思考对象的能力，也为图案制作收集素材。通过写生，加深对对象的深刻认识，然后运用图案的表现形式，把所要表现的、理解的对象提炼概括的描绘出来（图4-14）。

在构图时要注意自然形态的不同变化。如在花卉写生中，为了丰富画面，同时也为了下一步的图案创作做准备，花的正面、侧面及花苞、叶子、枝梗要做恰当的描绘，并根据其生长规律进行穿插安排，有时也要进行必要的取舍，掌握好主次、疏密关系（图4-15）。

（二）图案的造型变化表现技法

图案的变化就是写生的自然对象的共性部分有舍有删，扬长避短，再将个性化的部分夸张变形，使艺术的形象高度概况，生趣盎然，更为典型。

图案的变化方法很多，常见的有夸张法、省略法、添加法、几何法。这些方法不是孤立的，运用时需要相互联系，综合运用，有所侧重。

（1）夸张法

将物体形象最典型、最突出的特征加以强调，使它更为鲜明、强烈、完美，给人

图4-14　花、叶生长结构写生

图4-15　花卉图案造型写生

留下深刻的印象。夸张主要体现在形体特征上加强，在结构、比例、动态上进行改变，以便达到形象的统一与完美（图4-16）。

（2）省略法

目的就是将自然形态去繁就简、去粗存精。在保持原形特征的前提下，减去某些不影响特征的细部，突出主要特征和美的形态。我们可以从外形、内形、局部、细部、色彩等方面作大胆的省略。省略法关键在于减去非本质的东西，通过概括其形体，表现其特征，美化其形色，突出其精神，使其比自然形态的东西更典型集中、更优美生动（图4-17）。

（3）添加法

省略是减法，添加是加法。添加的目的是使形象更充实、丰富。添加可以在形象中加线、加点、加面、加投影、加浓淡层次。这种处理可以自由组合，不受形和结构的约束，只要达到美的感觉就行（图4-18）。

（4）几何法

将描绘对象各个部分归纳成与其近似的几何形，经过这种处理的形象更具有概括力，它与单纯的几何图案不同，不是完全失去了具象痕迹的抽象的几何形的组合（图4-19）。

在图案的造型变化中，处理方法的确立仅仅是一个构思问题，要使画面形象呈现出实际的效果，还得通过技法的表现来达到。图案造型的变化设计在单独表现和综合表现的具体应用时，其效果是各不相同的，关键在于作图时，要多方面地去进行探索和试验。

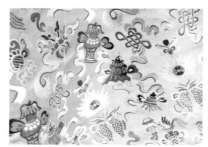  

图4-16　夸张法图案　　　　　　　　　　　　　图4-17　省略法图案

图4-18　添加法图案　　　　　　　　　　　图4-19　几何法图案

第二节 服饰图案色彩设计

　　服饰图案色彩设计在服饰整体设计中占有重要位置。服饰色彩在造型图案上体现得最为丰富。服饰图案造型常用这一手段来加强主题的设计。服饰图案色彩包括两大块面，即图案与服饰的色彩组合、色彩与面料图案的色彩组合。面料图案色彩包括色织与印花图案，对它们的选用将大大加强服饰造型设计的力度。尤其是很长一段时间来，服饰选材注重质地，多半选用单纯的色泽或黑白灰，忽视了面料图案色彩对造型设计的重要作用。

　　在服饰造型中，同一款式采用几种图案面料来制作，最终的形象感觉是不同的。这种变换可以影响设计的主题，也可以改变穿着者的形象，但不恰当的改换则将破坏色彩与服饰款式的统一。

　　服饰造型设计要重视面料图案的选用，尤其是图案的内容、图案色彩所表现的意境都是服饰设计师构思创作不可缺的重要前提。当今流行色、流行主题的创作是色彩、图案、造型高度完美的结合体。

　　由于图案面料的色彩因面料品种与加工工艺而不同，使得组成面料的色彩因素更加复杂。服饰造型中这种材质与色彩交互影响的因素，为增强造型形象感显示了很大的能动性。因此。学习服饰造型设计，在掌握服饰色彩的基本规律的同时，要求从两个方面加强，一是从图案面料观察色彩，即图案色彩与造型的统一；二是织物的图案、织物的色彩与造型的统一。

一、服饰图案色彩特色

（一）图案色彩与服饰造型要求保持统一

互补色相对比

　　近代图案设计中，设计师很注重不同图案以及不同的流派风格，古典的图案往往与典雅含蓄的色调成一整体，奔放潇洒的花卉也往往与强烈鲜明或清新朦胧的色彩连为一体。尤其是服饰面料色调的形成，总是以色彩的流行主题为指导。因此，在服饰造型主题确立之际，图案色彩必须与造型保持有机的整体（图4-20）。

图4-20　图案色彩与服饰造型的统一表现

（二）织物的图案、色彩与造型的统一

织物首先以一定的图案织成，然后染色或印花。因此在考虑面料与造型统一的诸因素中，色彩就更为复杂了。棉麻大提花面料，既有机织图案的形感，又有印花图案的形感，其表面的色彩各具差异（图4–21）。又如，丝质织锦缎印花面料，除材质形色差异外，更有侧光闪烁的色彩变幻（图4–22、图4–23）。再如，烂花植绒印制面料所赋予的色彩因素，已经进入了三度空间，穿越了服饰表层的造型功能（图4–24）。

图4–21　棉麻大提花面料

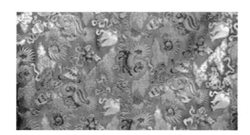

图4–22　八吉祥织锦缎

图4–23　现代图案织锦缎印花面料　　　　图4–24　烂花植绒印制面料

二、服饰图案色彩设计应用

　　一般情况下服饰配色的美，可理解为悦目，给人以快感，与周围环境色彩的强调和点缀协调。作为配色美的原理和方法常运用以下几种方式：同类色运用（图4-25）、对比色运用（图4-26）、互补色运用（图4-27）。

　　对服饰设计师来说，对这些复杂而影响造型的因素，一定要顾及，不能忽略，更不能弃之不懂。虽然复杂，但可以通过实践认识，通过比较、以视觉的审视、客观标准来衡量。

图4-25　同类色运用　　　　　图4-26　对比色运用　　　　　图4-27　互补色运用

第三节　服饰图案构图技巧

　　服饰图案的各个元素之间的排列组合，如同建筑的各个部件安装组合成骨骼，具有一定的方式、方法，各元素的排列方式、布局、构图形式，共同构筑起图案的构图秩序。从排列组合方式上，主要分为散点式、几何式、重叠式、连缀式、综合式等；而图案的构图布局方式是指图案"花"与"地"之间的一种疏密关系，常见的有清地型、混地型、满地型、综合型等四种；图案的构图形式是构成图案骨骼最重要的内容，指图案各个元素之间位置的经营，四方连续图案常见的构图形式有条纹式、方格式、井字式、渐变式、聚心式、棋盘式、综合式等。这些构图方法都是前人在经验中总结出的一些设计规律，机械的套用这些规律将制约设计师的创作，使服饰图案设计陷入程式化复制与生产的误区，因此我们必须深入了解其中所蕴含的美学原理。

一、服饰图案的构图形式

（一）秩序化的构图形式

　　民间传统手工印染图案在人们的生活中主要起到美化、装饰日常生活用品的作用，与人们的衣食住行关系密切。在构图上，以适合图案、单独图案、二方连续图案、四方连续图案为主，其构图考究，装饰性强，注重画面的均衡性与表意性，画面常具有以小见大的感染力。在制作工艺的限制下，适合图案常见于蓝印花布中，单独图案常见于蜡染与扎染中，二方连续与四方连续图案常用于夹染。

　　民间传统手工印染图案的构图中用得较多的是散点透视法，其特点是不受自然规律的限制，打破了形体在客观自然中的存在关系，采用类似"蒙太奇"的手法，根据画面主题的需要将能够表现主题的图形有机地组织在一起，而建立起一种多视点的图形处理方法。此外，还注重各个图形在画面中的秩序感，主体形象鲜明，视觉中心突出，画面具有清晰的条理性。同时，这些图案的创作群体大多是没有受过专业美术教育的劳动人民，其造型思维不受学院派造型方法的影响，能够突破传统造型思维的制约，在构图过程中不达目的不罢休。凭着独到的理解，在画面中使用条理化、秩序化的形式原则，在图案中想尽一切办法来烘托画面的主题。常用对比的手法来营造画面中的秩序感，利用图案中图形的大小对比、疏密对比、位置关系对比、装饰方法对比等来达到最终的目的（图 4-28）。

图4-28　局部图案与服饰成衣整体秩序美构图处理

（二）平面化构图形式

　　或许是受到印染制作工艺的限制，民间传统手工印染图案的图形均以平面化的视觉形式出现，画面以经过抽象、概括的点、线、面元素来构成画面中的各类图形，通过点、线、面各元素之间的辩证关系来实现图案中的造型。在画面中依靠平面图形之间以及点、线、面之间的对比关系来营造三维空间，在营造画面秩序感的基础上完成丰富人们视觉审美需求的目的。

　　以传统蓝印花布为例，其画面巧妙地应用大小各异的点来表现各种长线条和大块面，由点组织而成的线条生动流畅、伸展自如。这种平面化的处理方法将制作工艺的约束转化成优势，反而成就了蓝印花布所具有的艺术风格。同时，创作者在设计印染图案时常应用抽象的手法从客观对象中提炼事物的本质特征创造、组合出新的视觉形象来构成画面，这种方法具有很强的表意性，体现了劳动人民在精神层面上的内在需要。在提炼的过程中，创作者可以有目的地组合相关的题材，化复杂为简单，抓住形象最美的本质特征，将其完美组织在画面中。

　　抽象的造型方法帮助劳动人民在生活中创造了一个虚拟的精神世界，他们在这些图案营造的画面中寄托着自己的情感。这种抽象的造型方法极具现代感，和现代抽象艺术家所用的抽象绘画造型方法不谋而合。此外，在平面化、抽象处理的基础上，劳动人民还常用添加、组合的方法在抽象的形体内添加与画面主题相关的各类形象，使印染图案画面中的抽象形象避免出现单调感，增强了图案的形式趣味，使画面的空间层次也显得更加丰富，进一步地烘托图案的主题。这种造型方法所营造的空间也被现代设计理论家称为五维空间，它将劳动人民所接触的客观世界中不相邻或者不可能相邻的形象通过某种关系组合在同一个图案中，创造出了全新的视觉形象，具有很强的创造性和寓意性。

（三）夸张化的构图形式

民间传统手工印染图案在造型时常用夸张的手法，一方面，是为了让图形适合制作工艺的要求；另一方面，则是为了强调表现对象的特征，从而突出形象的个性。夸张是将视觉形象中的某一方面的特征进行强调和夸大，使印染图案符合工艺上的要求，突出印染图案的形式美感，使其富有浪漫主义风格特征。民间传统手工印染图案在造型过程中常抓住对象中某一方面的特征进行夸张和强调，从而体现图案的形式特征，加强图案的可识别性，达到为劳动人民的生活服务的目的。

在印染图案的创作中，应用夸张的表现手法需要作者具备丰富的想象力和敏锐的观察力，这样才能使印染图案具备个性化、抒情化的图形特性。夸张是通过夸大形体在大与小、长与短、曲与直、粗与细等某一方面的特征，在应用的过程需要打破题材的常规比例尺寸，以服从画面整体的需要为目的而进行变化。在印染图案中常见的夸张手法有局部夸张、整体夸张等，这些方法在印染图案中根据画面的客观需要使用。局部夸张是将印染图案题材中最富有个性的特征进行夸大处理，如蜡染图案中将鱼纹的眼睛、尾巴等部位进行特征上的夸张，使其特征更加明确，这些局部夸张能够有效地表现出形象的特征，突出印染图案的主题。同时，在应用夸张的造型方法时还要注意协调局部与局部、局部与整体之间的相对关系。整体夸张则是使印染图案中形象的整体特征更加明显，常将图案中的图形特征强化，如圆的更圆，胖的更胖，强调表现夸张之后的趣味性和整体美（图4-29）。

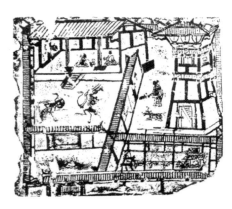

图4-29 夸张化构图

（四）寓意化的构图形式

民间传统手工印染图案常用浪漫主义的造型手法，几乎达到了图必有意、意必吉祥的境界，常用比喻、虚构等浪漫主义的造型手法在图案中通过组织具象的构图形式来表现抽象的意念。这些意念往往蕴含着吉祥、美好的意义，其图案的内容大多取材于劳动人民所熟知的民间传说或吉祥概念，最具代表性的有"马上封侯""吉祥如意"等，尽显中华民族独特的文化内涵和劳动人民淳朴的审美习惯，寄托着人们对美好生活的无限向往，表达出朴素的审美情趣。

从造型的表现方法上看，民间传统手工印染图案为了表现画面中的美好寓意，常用比喻、谐音等手段来实现最终的目的。比喻即借助人们熟知的某些具备特定含义的事物，在其中寄托吉祥美好的精神意愿。印染图案中常根据某些动植物的形态特征、色彩、功能等属性特点，来表达某种特定的意义。某些动植物的繁殖功能引起劳动人民的崇拜，因而繁殖能力强的动植物就被劳动人民加以比拟，从而成为象征生命力兴盛的图形符号。如葫芦、石榴、鱼等常被作为多子多孙、生命力旺盛的象征图形而广泛应用于印染图案的图形表现中，并逐渐衍生出如"瓜瓞绵绵"等美好主题。如"万事如意"则因"柿"与"事"谐音，于是成堆的柿子被组合成图案，表达对未来的美好愿望。

总之，民间传统手工印染图案的造型尽显浪漫主义的表现手法，将劳动人民向往美好生活的心态表现得淋漓尽致（图4-30）。

图4-30 寓意化构图

二、服饰图案构图与时代发展

服饰图案的构图秩序和其中所蕴含的美学原理是不能被割裂的，二者相辅相成。从理解原理到学习方法再到实践创作，是每个服饰图案设计师学习的必经之路。教条化的套用构图模式必然会阻碍创新思维的拓展。随着时代的发展，越来越多的艺术形式将会出现，以往的构图形式必然存在局限性，只有真正理解其中的美学原理，活学活用，才能真正地与时代同行。

在服饰图案设计中最常用的是装饰构图。装饰构图又称综合构图，是指按照一定的工艺条件、功能要求和审美需要，把单独构成、适合构成、二方连续构成及四方连续构成等方法综合运用到一个完整的构图中，如地毯、台布、窗帘、陶瓷、家具、建筑装饰等。装饰构图形式多样，常见的有格律体、平视体和立视体。

1.格律体构图

格律体构图是指以九宫格、米字格或两种格子相结合作骨式基础的构图。既具有结构严谨、和谐稳定的程式化特征，又具有骨式变化多样、不拘一格的情趣（图4–31）。

其构图步骤：求中心，分面积，取骨式，配图案（图4–32）。

2.平视体构图

平视体构图是指画面不受透视规律限制，所有形象都处于视平线上的一种平面化的构图。形象一般表现侧面，简练单纯，不刻意追求空间的纵深层次，类似剪纸效果（图4–33、图4–34）。

3.立视体构图

立视体构图是指运用中国传统画中散点

图4-31　格律体构图装饰布图案

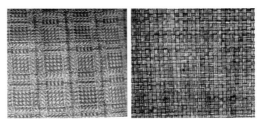

图4-32　格律体构图

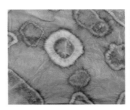

图4-33　平视体构图（水陆攻战铜壶）

图4-34　平视体构图（民间剪纸）

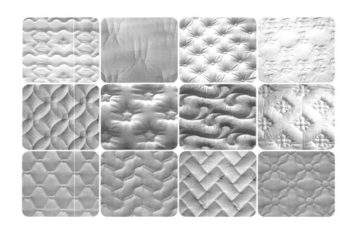

图4-35　立视体构图（汉庭院）

透视的原理，以"前不挡后""大观小"和"蒙太奇"的手法自由组合的构图。可产生穿墙透视、一览无余的立体化画面效果，在传统壁画风景图案中运用较多（图4-35）。

第四节　服饰图案设计制作

服饰图案的设计与制作随着时代的变革也在不断发展，当今科技发展，信息化、智能化等科技手段融入服饰图案的创作应用当中，计算机辅助设计手段，以及各种新工艺、新技术飞快革新着服饰图案的表现形式。

很多图案是我们身边最常见的，而且早在中国历代传统图案中就已出现，这些图案被人们广泛应用于日用器皿、青铜器、礼器、雕刻品、漆器等工艺美术作品中，既有实用价值又有欣赏趣味，是人类文明宝贵的历史遗产。随着科技的进步，社会的发展，图案在越来越多的领域中得到应用。现代服饰图案设计吸收了中国传统图案和西方古典图案中纹饰的精华，并结合现代技术和设计概念，创意出符合现代社会需求和欣赏趣味的各种图案。这些图案可以用于不同服饰设计中，如男装、女装、童装设计等，涉及方面非常广。

与此同时，计算机辅助设计的应用日益广泛，通过使用计算模型和计算机工具，利用计算机的高信息存储量及可视化手段，就可为服饰图案的创新设计提供有力的支持。它不仅帮助设计人员从繁重的体力劳动中解放出来，而且还能激发设计者创作灵感，是获取全新的非传统设计程序和造型形态的有效手段，为服饰图案设计提供了新理念和新途径。如何利用已有图案创新出复杂多样，更具艺术特色的新图案，或借助计算机的辅助设计功能直接进行图案的优化设计，成了人们关注的焦点。将艺术的思想应用在服饰图案的创新概念设计上，利用计算机辅助设计服饰图案的新方法，可以开拓设计思路，提高工作效率。

一、利用面料的二次处理手段对服饰图案进行创新设计与制作

（一）波普作品、多边形及3D线框模型的"生物几何裁剪"图案设计

将形象、图形和想法转换成3D的形式表达出来。提炼结构工程学和几何形服饰设计，运用高级成衣定制的传统裁缝工艺，用意想不到的方式把成衣业的规范和过去常用的拼缝制品"扭曲"结合设计成新的图案（图4-36）。

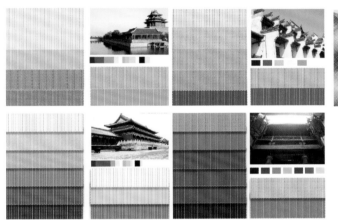

图4-36 "生物几何裁剪"图案

（二）绞缬图案结合新材质载体的设计与制作

村濑弘行说："我们将织物材料当作一种玩具，通过材料和颜色的灵活组合，能够产生无尽的结果。"绞缬这种传统图案布料并不缺乏如今流行的时尚感，扩展其颜色使用的范围，吸收服饰设计中的新材料，保留原有工艺的制作方法，而使用新载体让传统绞缬图案呈现出迷人的现代感。

绞缬法制作的图案呈现出三维的形态，色彩的变化在织物上缓缓流淌。现代载体的表现，使用羊毛、丝绸、天鹅绒、羊绒进行编织。可以选用面料的材质有很多种，但最好选择重量轻、容易上色并能永久定型的面料。通过材料和颜色的灵活组合，能够产生无尽的效果（图4-37）。

图4-37 新材质为载体的绞缬图案

图4-38　植物染色织布

（三）健康、环保理念下的图案设计

植物染色织布是利用织物染料对纱线进行染色织成的布。植物染料不含任何化学物质，无毒无害，不会对人体健康造成任何伤害。染的织物，色形自然、经久不褪，具有防虫、抗菌的作用，这是化学染料所不具备的。特别适合于童装、内衣、鞋袜、汽车内饰、箱包、床上用品等。色牢度高，可满足实际使用需求。植物染料是指利用自然界之花、草、树木、茎、叶、果实、种子、皮、根等提取色素作为染料。利用植物染料，是中国古代染色工艺的主流。自周秦以来的各个时期生产和消费的植物染料数量相当大，明清时期除满足中国自己需要外，开始大量出口，而用红花制成的胭脂出口到日本的数量更是可观。

植物染料环保性越来越受到人们的关注，植物染料被重新重视，国内研究者日益增多，近来国内已经有企业将此研究用于纺织品、服饰领域，产品也即将在市场与消费者见面（图4-38）。

植物染料直接取自于大自然，它本身结构的形成完全是自然生长的结果，其间不会涉及任何化学原料，对人体没有化学损害。而且植物染料所采用的植物原料，均经过严格的筛选，不仅无毒无害，而且有的还具有医疗和保健作用。另外，植物染料的生产过程实质上就是一个色素的提取过程，会留下一定量的残渣，这些物质本身是植物的组成部分，将其经过一定的处理，可作为优质的肥料。由此看来，植物染料从生态染料标准这一角度上讲，是具有合成染料所难以比拟的优越性，它受到人们的追捧便容易理解。按此推理，植物染料在生态纺织品的生产加工上，应赶上乃至超过化学合成染料。但是根据目前技术水平和资源状况，现实情况与植物染料的应有地位，尚有相当的距离。

还有一种方式为将织成布用织物染料进行染色或将其布面用植物染料处理出图案效果（图4-39）。

图4-39　茶叶染色与茶色图案制作

（四）三维立体花型设计与制作

　　用现有的材料，可以是纺织材料或可用于服饰的其他材料制作而成的有三维立体效果的服饰图案称为三维立体图案。其优点是具有强烈的视觉冲击力和立体效果（图4-40）。

图4-40　新材料塑造的三维立体纹样

（五）利用科技手段与新材料进行服饰肌理图案设计表达

　　利用高温定型等工艺可以制作出丰富多彩的肌理图案（图4-41）。

二、利用色织提花或针织工艺进行服饰图案设计与制作

（一）色织提花图案设计制作

　　色织提花是指在织造之前就已经把纱线染成不同的色彩再进行提花，此类面料不仅提花效果显著而且色彩丰富柔和，是提花中的高档产品。

　　色织提花布是织布厂直接把花纹织在高质量的坯布上，因此它的图案不可能用水洗掉，避免了印花布多洗掉色的缺点。色织大提花面

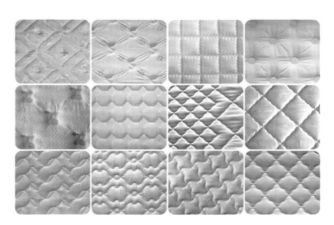

图4-41　高温定型产生的肌理图案

料，采用环保印染工艺，绿色无污染。提花布的最大的优点就是纯色自然、线条流畅、风格独特，简单中透出高贵的气质，而且提花面料与绣花和花边设计的结合，更是增添了面料的美观性，设计出来的产品大气、奢华（图4-42）。

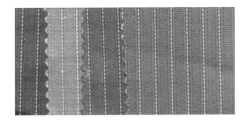

图4-42　色织图案设计

图4-43　针织图案设计与制作

图4-44　华人礼服织成面料设计

（二）针织图案设计

利用织针把各种原料和品种的纱线构成线圈、再经串套连接成针织物的工艺过程。针织物质地松软，有良好的抗皱性与透气性，并有较大的延伸性与弹性，穿着舒适。针织产品除供服用和装饰用外，还可用于工农业以及医疗卫生和国防等领域。针织分为手工针织和机器针织两类。手工针织使用棒针，历史悠久，技艺精巧，花形灵活多变，在民间得到广泛流传和发展（图4-43）。

三、面料编织工艺的图案设计

图案设计方法多种多样，在各类书与教材中都有较详尽的解说。"织成"产生于汉或汉代以前，是中国古代一种特殊的丝绸织造工艺与方法。例如提花在独花领带上的应用，花纹定位的设计要依据裁剪方法、排料图等而定。另外运用现代数码织造技术开发"织成"服饰面料成为趋势（图4-44）。

（一）"织成"面料的基本原理

1. "织成"面料的概念

"织成"的概念两种具有代表性的解释：其一是"织成"是一种通经通纬加挖梭的特殊技艺，发展到明代即"妆花"；其二是根据图案、尺寸和款式进行专门设计而织成的织物，可进一步裁剪、缝制成服饰。

目前，人们对"织成"的理解侧重于服饰面料的提花织造方面，即根据个性化定制服饰而进行定位提花织造。因此，"织成"面料的概念是根据服饰结构的要求而进行花纹定位的织物，保证了服饰花纹的完整性和连续性。

2."织成"面料的生产特点

"织成"面料的设计是采用纹织 CAD 系统、服饰 CAD 系统及 Photoshop 图像处理软件等进行辅助设计，面料生产则通过电子提花机织造，其图案设计中的样板设计、排料图设计和花样设计及其定位可在计算机上完成，也可手工完成，而纹织工艺设计是在全数码控制过程中完成，提高了生产效率。其工艺流程如图 4-45 所示。为实现其设计过程，需要经过设计构思、图案设计、纹织设计、生产工艺设计的步骤。

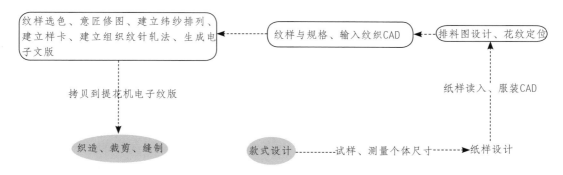

图4-45　"织成"面料的工艺流程

（二）"织成"面料的图案设计方法

"织成"面料的花纹是在排料图上进行定位。在排料图上展现完整的花纹，除了受到纹织工艺规格的限定之外，还要与服饰结构相配合，故花纹在排料图上的定位尤其重要。

但是，在实际制作过程中，往往会出现由于花回的过大过小或花纹的摆放位置不准确，而造成废品和面料浪费的现象，也会出现破花、对花不准的现象，这是严重的问题，也是设计中难以把握的地方。为了利用好图案的装饰性，需要与旗袍的款式、色彩等相配合，巧妙地安排图案在服饰结构上的位置。其中，旗袍一般在胸前、背后、开叉两侧、前摆等部位进行花纹定位设计。所以，以图 4-45 所示的旗袍款式图为例，针对不同部位的花纹定位方法如下：

1. 不受拼缝影响的花纹定位

图 4-46 为一种不会受到省道和接缝影响的花纹定位的示意图。这种定位方法应用比较广泛，有较大的随意性，可以根据旗袍结构的

图4-46　不会受到拼缝影响的花纹定位示意图

图4-47　特殊部位的花纹定位

要求,把花纹摆放在合适的部位,需要注意的是,在拼缝处避免定位花纹。

2.特殊部位的花纹定位

图4-47分别为花纹在侧缝、后中缝、V型省、菱形省等特殊部位的花纹定位及操作方法示意图。从图中可以清楚看出,为了使花纹图案在接缝处拼接准确,保证图案的连续性,花纹的分割摆放需要进行巧妙地处理,这种定位方法比较复杂。

需要注意,图4-47(a、b、c)是花纹在侧缝处的定位,在图案分割时要注意前后片的位置关系,一般要先进行前后片的准确对位;图4-47(d、e)是花纹在后背缝处的定位,需要将左后片和右后片对位。

图案设计都在计算机上完成,相对于传统"织成"产品的开发,可以做出快速的设计和修改,提高了生产效率。并且可以进行精确计算,"织成"面料在制作成服饰后,避免了花纹在接缝处和省缝处出现破花或者对花不准的现象,保证了花纹的完整性和连续性。同时"织成"面料可以满足现代人追求"个性化"的需要,对高级定制服饰的织物花纹设计有一定的参考作用。

本 章 小 结

中国传统图案在服饰设计中的继承不是复古,更不是照搬,因为时代是在不断前进的,把民族化与现代化截然分开是错误的。在选用中国传统图案进行创新设计的同时,要赋予它们新的时代感,要注意吸收先进的设计理念和科学技术,紧跟时代潮流,推陈出新,给人一种全新的感受。这才是服饰图案设计与创新的真正体现与最终目标。

思考实训题

1.服饰图案中的"造型"与素描、色彩、速写中的"造型"的区别及相互联系。

2.服饰图案色彩设计的配色原理一般有哪些?请举例说明有哪些常用的配色方法?你在配色方法上有何创新想法?

3.请列举常用的服饰图案构图技巧,并思考是否可以参考其他艺术形式中的构图形式?

4.列举出常见的用于服饰图案设计制作的计算机辅助设计软件有哪些?

第五章
常用服饰图案的表现技法与应用

课程名称

常用服饰图案的表现技法与应用

课程内容

常用服饰图案的表现技法

常用服饰图案的风格与应用

常用服饰图案的使用部位

上课时数

16 课时

训练目的

让学生了解并掌握服饰图案的表现技法,并学会如何把不同风格的图案运用到服饰设计中去。

教学要求

1. 使学生了解服饰图案的表现技法

2. 使学生能根据不同风格的服饰进行图案设计

3. 使学生能掌握常用服饰图案的使用部位

课前准备

阅读服饰图案的基础构成元素和服饰图案的基本规律与设计法则等方面的书籍。

　　服饰图案表现技法有很多，有传统的处理技法也有现代处理技法，随着现代科技的飞速发展，各种新型的工艺和技术设备，都在不断地革新与提高，而设计的表现能力也相应地日益发展创新，服饰图案的表现技法可以绘制也可以通过工艺术手段来制作。常见的表现技法有三种：其一，绘制表现手法，如平涂法、点绘法、撇丝法、推移法、渲染法、透叠法、彩色铅笔绘制法等；其二，工艺表现手法，如印染法、扎染法、蜡染法、刺绣法、编织法、拼贴法、剪纸法、立粉法等；其三，特殊表现手法，如喷绘法、拓印法、皱折法、吹墨法、撒盐法、电脑表现法等。不同的技法会营造出不同的效果，设计者需对各种基本的表现手段有全面地认识并结合形式美法则，这样才能创作出完美的服饰图案。

第一节　服饰图案的表现技法

一、服饰图案常用表现技法

（一）平涂法

　　平涂法是采用颜色均匀平涂的方法。将色彩一笔一笔地依次填到分割画面上，运笔时，方向、笔触、纹理尽量减少，达到一种单调、坚硬、对比、规律、齐一的效果。平涂法的特点是平、板、洁，强调图案造型的纯粹性和创造性,抛弃透视法与气氛的束缚，从而以一种稳定的、均衡的、节奏的造型效果塑造新的视觉形象。多采用具有一定覆盖力的水粉颜料或马克笔（图 5-1）。

图 5-1　平涂法

平涂法有三种：一是平涂勾线，平涂勾线是平涂与线结合的一种方法，即在色块的外围，用线进行勾勒、组织形象，这是勾线平涂最常用的方法。勾线的工具可以多种多样，勾线的色彩，亦可根据需要随之变化。二是平涂色块，平涂色块是利用色块之间的关系（明度关系、色相关系、纯度关系）产生一种整体的形象感，并不依靠线组织形象。三是平涂留白，先用铅笔勾画出图案形，用颜色填补画面，填色时留出高光处。如果忘记留白，可以用白颜料补画。

图 5-2　点绘法

图 5-3　撇丝法

（二）点绘法

点绘法是用许多细小的点构成整幅图像的艺术表现手法，在服饰图案表现领域上是一种广泛应用的表现力很强的技法。其表现方法是在色块平涂的基础上，用点的疏密点缀于画面中，得出虚实、远近晕变的特殊变化效果。用色点绘制细部结构的变化，能形成色彩的空间混合效果，并具有立体感（图 5-2）。

（三）撇丝法

这是服饰图案设计中的一种技法。采用毛笔敷色之后，将笔锋撇开，形成间隔、长短等不规则的排线。用这种方法，可以绘出袭皮的长毛质感以及丝状物。撇丝具体方法是用干笔梢，蘸上所需的颜色后，把笔梢按扁，使笔梢部笔毛均匀、精细地分开，像一把小梭子。运笔时，线的轻重、方向、转折变化应根据物象的形态和生长规律来进行，轻重过渡要均匀，线条方向不能纵横交叉，转折不能太突然，要柔顺，同一花型中可以用不同种颜色来进行撇丝，以求得丰富的明暗层次感觉。在采用此法时，笔头的分撇与形象面积的大小、线条的长短粗细关系密切（图 5-3）。

（四）推移法

推移法是运用色彩构成中推移渐变的方法表现形象块面与层次关系的技巧。可使图形色彩更加富有层次感，整体又有变化。方法是用深浅不同的色彩或通过色相的转换进行多层变化。此法主要有色相推移、明度推移、纯度推移及冷暖推移等方法。其特点是给人以鲜明的节奏感和韵律感，给人耳目一新的感觉（图 5-4）。

图5-4 推移法

图5-5 渲染法

图5-6 透叠法

（五）渲染法

渲染法是指对画面大部分色彩形象作由浓而淡、由浅及深的过渡处理方法，经过调和的处理，可得出色彩自然混合的效果，属于中国传统工笔画的表现技巧。色彩在湿润的纸面上染化，形成精彩而特殊渲开、渗染效果的画法，呈现出朦胧、湿润、柔和、渗透、模糊、界定不明的特别效果，其特点是画面层次感、虚实感和起伏感强，视觉效果丰富而细腻（图5-5）。

（六）透叠法

透叠法是利用色彩构成中色彩相互交叠后能够产生新形、新色原理创作图案的方法。以色与色的逐层相加，产生另一种色相、明度、纯度等不同的色彩。由浅至深，逐层、逐次晕染，使其产生透明的效果。此法能起到增加画面层次与空间感的作用（图5-6）。

二、服饰图案工艺表现技法

（一）印染法

印染法是水彩画的特殊技法，用不同的软材料（如麻布、揉皱的纸等）蘸上颜色，在白纸或湿的色层上，印、按、拍、擦，以产生特殊的效果。它是一种加工方式，也是染色、印花、后整理、洗水等的总称（图5-7）。

（二）扎染法

扎染法是用线把织物扎起来，或把织物缝成一定的绉壁抽紧，钉牢后入染。扎点的疏密、捆绕的顺逆方向、用力的轻重、坯布的差异、煮染的时间长短，都可以产生不同的效果。纹理千姿百态，色晕若明若暗若隐若现，其色彩含蓄、自然、古朴而庄重（图5-8）。

图 5-7　印染法

图 5-8　扎染法

（三）蜡染法

指将面料通过扎染的工艺扎好后投入热的蜡液中浸蜡，取出待蜡凝固后解开扎线。由于面料被扎染里面部分没有上蜡，所以可以用低温上染染料，得到既有扎染效果又有蜡染风格的花纹。也可以用蜡刀蘸熔蜡绘图案于布后以蓝靛浸染，既染去蜡，布面就呈现出蓝底白花或白底蓝花的多种图案（图 5-9）。

（四）刺绣法

刺绣是针线在织物上绣制的各种装饰图案的总称，就是用针将丝线或其他纤维、以一定图案和色彩在绣料上穿刺，以缝迹构成花纹的装饰织物。它是用针和线把设计和制作添加在任何存在的织物上的一种艺术（图 5-10）。

图 5-9　蜡染法

图 5-10　刺绣法

（五）拼贴法

拼贴法是采用不同颜色、材质的平面材料，如有色卡纸、布料及其他平面材料等，直接剪出图案的图案形态，然后再粘贴组合到画面上构成图案艺术形式的手法。这种方法主要依靠原材料原有的颜色、纹理加以巧妙运用，表现不同的图案内容。拼贴画是以各种材料拼贴而成的装饰艺术。在中国，拼贴画属于工艺美术范畴，常用的材料有纸、贝壳、羽毛、树皮、布帛、皮毛、通草、麦秆等。拼贴画充分发挥各种材料的色泽和纹理等特性，具有质朴特色和装饰美感（图 5-11）。

（六）剪纸法

剪纸是一种镂空艺术，其在视觉上给人以透空的感觉和艺术享受。其载体可以是纸张、金银箔、树皮、树叶、布、皮、革等片状材料 。剪纸在中国农村历史悠久，是流传很广的一种民间艺术形式，就是用剪刀将纸剪成各种各样的图案，如窗花、门笺、墙花、顶棚花、灯花等（图 5-12）。

图 5-11　拼贴法

图 5-12　剪纸法

（七）立粉法

浓厚的粉质色彩堆积起来，点成如浮雕般的立体的色粉点、线、面的技法叫立粉。其特点是具有浮雕感。按这种方法制作的线形因粗细有别而效果各异，细线显得优雅、精致，粗线显得古朴、厚重（图 5-13）。

图 5-13　立粉法图

三、服饰图案特殊表现技法

（一）喷绘法

喷绘是由无数细小颜色的颗粒组成的覆盖面。每个颗粒都是以饱和的状态雾化喷洒在画面上，在雾化的瞬间，颜色的水分迅速蒸发，喷在画面上的颜色几乎是即干状态。颜色的干湿变化很小，色彩变化易把握。喷绘是一种基本的、较传统的表现技法，它具有其他表现手法不可替代的特点和优越性：其一，相对其他手绘技法，它的表现更细腻真实，可以超写实的表现物象，达到以假乱真的画面效果；其二，相对电脑、摄影等现代技法，它所表现的物象更自然，生动。采用特制喷笔绘出具有渲染、柔润效果的装饰造型手法。特点是层次分明、制作精致、肌理细腻，给人以清新悦目、精工细作的美感（图 5-14）。

（二）拓印法

拓印，也称"拓石"，也指现在的"碑帖"，就是把石碑或器物上的文字或图画印在纸上。也可用纸紧覆在物体（如植物的叶等）表面，将其纹理结构打拓在纸上。拓印与雕版印刷相比，有很多的相似之处，它们都需要原版、纸、墨等条件，其目的也是大批量复制图案（图 5-15）。

（三）吹墨法

吹墨画又叫吹画，吹画是将墨汁或某种颜色的颜料蘸在纸上，用嘴吹来代替画笔作画，一般线条都是用吸管来吹墨珠。首先要有一张纸，能让色彩在上面流动；然后是液体的颜料，或者将颜料调制成液体，滴在或泼在画纸上，用嘴或其

图 5-14　喷绘法

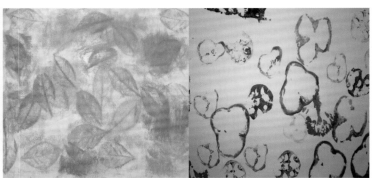

图 5-15　拓印法

他工具吹动颜料，使之产生流
动，变化出造型奇特的画面。吹
画可以产生意想不到的效果
（图5-16）。

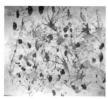

图5-16　吹墨法

（四）撒盐法

撒盐法是水彩画的特殊技法，
趁上了色的画纸未干时，在上面撒
盐，盐融化时会将颜色化开，干后
产生雪花状的肌理。画面的颜色越
深，所产生的效果越强，一般用于
表现无规律的复杂琐碎自然肌理花
纹，此法使用时颜色里的水分要充
盈，这样才能使盐的颗粒融化吸附
颜色，形成变化无穷的纹理。如果
撒完盐后还需分染，要等到颜色快
干时才能下笔，不然的话就很难控
制，使用的盐最好颗粒大小不均，
这样花纹才能变化万千（图5-17）。

图5-17　撒盐法

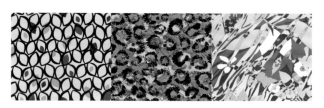

图5-18　电脑表现法

（五）电脑表现法

电脑在现代设计领域中已被广泛运用，它具有高效、规范、技巧丰富、变化快捷、
着色均匀、效果整洁等诸多优势。电脑制作出的许多效果是手绘无法达到的，学会
使用电脑技术来处理制作图案是现代社会发展的需要。因此，我们有必要熟悉掌握
一些图形编辑、设计类软件，发挥它们的诸多功能来制作图案，扩展图案表现的技
术领域（图5-18）。

第二节　服饰图案的风格与应用

图案是服饰设计的重要因素，对服饰有着极大的装饰作用。服饰图案能增强服饰
的艺术性和时尚性，是人们追求服饰美的一种特殊要求。它将越来越多地融入当代服
饰设计之中，成为服饰风格的重要组成部分。

服饰图案不是孤立存在的，它不仅要考虑市场需求、面料选择、工艺条件，还要
充分考虑图案的用途、特性、风格、功能等方面的因素，即以服饰的类别和功用来选
择相应风格的图案。

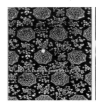

一、服饰图案的风格

（一）传统民族风格图案

　　古今中外，不同文化形态背景下的图案像海洋一样浩瀚无穷，具有民族风格的图案作为服饰装饰以其巨大的影响力和广泛的使用范围，成为世界装饰艺术中最重要的元素之一。中国式的扎染和蜡染图案、日本友禅图案、印度图案等都是在不同宗教文化背景下绽放的装饰艺术之花。不同宗教文化艺术、审美意识和社会生活的影响和制约使民族图案形成了不同的风格和特色，表达着不同地域的文化、宗教观念和民族情感（图5-19～图5-24）。

图5-19　中国民间风格图案

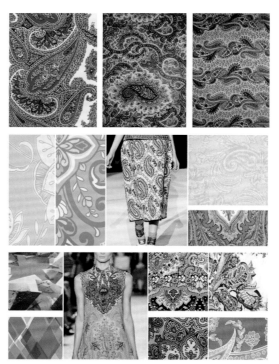

图5-20　日本友禅图案

图5-21　佩兹利图案

图 5-22　印度图案

图 5-23　基坦卡图案

图 5-24　夏威夷图案

图5-25　现代风格图案

（二）现代风格图案

　　现代主义是 20 世纪初以后西方各个反传统的艺术流派、思潮的统称，现代主义强调表现心理对生活现实的真实感受，强调艺术的表现和创造。传达时尚前卫、简洁对比、高科技等相关意象，追求图案的抽象、简洁明快。现代风格图案的常见装饰手法，能给人带来前卫、不受拘束的感觉（图 5-25）。

（三）乡村风格图案

　　乡村风格以田地和园圃特有的自然特征为形式手段，能够表现出一定程度农村生活或乡间艺术特色，带来自然闲适的感觉。与乡村风格的图案相关联的意象是清新田园、质朴原生、自然随意、温馨甜美、宁静和谐以及追求自然的手工感，最具典型的是色织条格纹和满底碎花图案（图 5-26）。

图 5-26　乡村风格图案图

二、图案在服饰上的应用

（一）职业装图案

职业装又称工作服，是为工作需要而特制的服饰。职业装图案在造型和色彩表现上，采用舒缓的弱对比，或小面积的点缀与装饰，淡化局部的变化以达到整体的和谐，还可以加强企业的整体系列形象感（图5-27）。

（二）礼服图案

礼服可分为传统礼服和现代礼服。在装饰格局上，大多数的礼服图案都是呈对称或平衡的样式分布，采用立体的三维图案形式来进行装饰。现代礼服随意个性，经济实用,装饰手段上现代礼服注重个性和细节。在特定场合穿着的礼服以裙装为基本款式，强调体现女性婀娜多姿的曲线美，一般多在边缘或局部进行装饰，避免出现繁复的图案造型，尽量使人体结构、服饰款式、图案造型三方面协调呼应，避免过多的装饰削弱服饰本身所流露的优美韵味。礼服领口、前襟及开衩位置恰到好处的装饰，是图案与服饰结构款式相契合的极好范例，立体剪裁的中式旗袍式长裙蓝白相映，典雅脱俗，充分体现了含蓄美，将人体曲线美发挥到极致，款式与图案紧密贴合，民族与时尚结合相得益彰、相映生辉。晚礼服的图案应以抽象图案或简单图案为主，在形式上既要有夸张的美感，又要有含蓄的内涵,可以是立体的，也可以是平面的（图5-28）。

图 5-27　职业装图案

图 5-28　礼服图案

（三）休闲装图案

休闲装是在闲暇状态下所穿的服饰。图案设计内容广泛，色彩丰富，装饰手段自由灵活，无论是满地印花裙，还是简洁的绣花牛仔裤，都呈现出轻松愉快、舒展自由的风格特征。图案设计在"自由散漫"的表面下追求造型上的完美（图5-29）。

图 5-29　休闲装图案

（四）家居装图案

家居装以在居家室内穿着的服饰构成，主要包括睡衣、浴衣等，多以宽松舒适的款式和棉、丝等天然材料为主，色彩以温暖亮色为主，图案以随意简洁风格的条格、花草、水果、动物为主要题材。家居服图案整体设计突出柔和温馨的视觉效果，以营造家庭温情宁静的气氛（图5-30）。

图 5-30　家居装图案

（五）运动装图案

运动装是专用于体育运动竞赛的连体服装，通常按运动项目的特定要求设计制作。广义上还包括从事户外体育活动穿用的服饰。现在多泛指用于日常生活穿着的运动休闲连体服装。职业运动装带有表演性质，图案上要求醒目与对比，普通运动装则侧重舒适和方便，图案的样式多样灵活（图5-31）。

图 5-31　运动装图案

第三节　常用服饰图案的使用部位

在一件服饰中，服饰图案的装饰部位最能表现出服饰的特点与风格，图案在服饰设计中的布局安排首先需要考虑到款式，并根据消费者的性别、年龄、需求等作出相应调整，力求做到装饰元素与人体结构的协调统一。如自然随意、追求舒适健康的休闲装，在设计这类服饰时，图案的面积可大可小，不拘泥于形式限定，图案既可以安排在衣领、胸部等醒目的位置上，也可以在袖口、衫脚等不显眼的位置上做文章，设计中需要把握风格活泼、款式宽松、色调明快的宗旨，贴近生活的同时做到迎合时尚。

图案在服饰中的位置安排举足轻重，不仅需要考虑图案与服饰造型的关系，同时还要兼顾与人体结构之间的联系。服饰中由于装饰位置的差异会带来截然不同的视觉效果，图案在服饰位置上的摆放不仅要考虑体态特征，还要兼顾运动特点，只有安排在适当的位置，才能达到理想的装饰效果。服饰中可以装饰的部位很多，领、袖、肩、胸、背、腰、下摆、边缘等，装饰图案在现代服饰中的位置安排主要分为三个方面：其一，为了达到突出图案的目的，需要安排在人体形态中比较醒目的位置，如领口、前胸、腰部、后背，加强装饰效果，根据人体曲线变化巧妙设计，要求图案做到舒适、合理、精致、耐看；其二，将装饰图案隐藏在并不醒目的位置，随身体运动若隐若现，体现出含蓄婉约的装饰美感；其三，是起到一定修饰身材缺陷的作用，颈、胸、腰部等不理想的部位，可以从装饰图案造型、颜色等方面的搭配进行弥补。

一、领部图案

图 5-32　领部图案

衣服上两肩之间套住脖子的边缘线叫做领口，覆合于人体颈部的服饰部件，起保护和装饰作用。广义包括领身和领身相连的衣身部分，狭义单指领身。领部图案可以根据服饰的造型和风格进行设计，传统服饰领部多用适合图案或单独图案等进行装饰，图案的题材可以是多种多样的，但花卉图案相对比较多。领部的装饰对整个服饰也有重要的意义（图5-32）。

二、袖部图案

袖子是指衣服套在胳膊上的筒状部分。袖口是袖管下口的边缘部位，袖子露出手臂的一端，短袖袖口露出胳膊，无袖袖口露出胳膊根。袖口成为服饰的一个重要展示部件，袖子装饰要根据不同服饰造型特点设计图案，可以运用二方连续图案、适合图案、单独图案等进行装饰，也可以运用细褶、绣花、钮扣、花边、串珠、结带等手法进行装饰（图5-33）。

图 5-33　袖部图案图

三、衣摆图案

衣摆通常指衣服的下边缘，很多服饰设计师都会在衣摆处做学问，一款飘逸的时装对衣摆的设计要求

图 5-34　衣摆图案图

是很高的。衣摆图案可以根据服饰款式特点进行设计，如角隅图案、二方连续图案和单独图案等都可以，例如衣摆运用大印花的黑白图案带给人强烈的视觉冲击力（图5-34）。

四、正背面图案

前胸或后背部位的图案对其他部位的图案起着主导作用，正背面图案的设计可以根据服饰的造型和风格进行设计。一般来说图案题材的选定可以根据不同年龄、性别来确定，如女童装上印花卉、蝴蝶、金鱼、白兔、猫咪等图案；男童装上印狮子、大象、金狮猴、飞机、火箭等图案。图案的装饰多选择在胸部、背部等部位以起到突出、醒目，吸引人的视线，即有意识地将注视者的目光引到设计者所希望强调的地方（图5-35）。

五、下装图案

下装指穿在腰节以下的服饰，主要有裙子和裤子。图案一定要根据下装的款式和风格进行设计。一般情况下，上装运用了特定图案，下装则以无花纹的单色材料来表现为好；如果一定要用图案，图案的造型最好与上装的特定图案相呼应，以突出上装的特定图案（图5-36）。

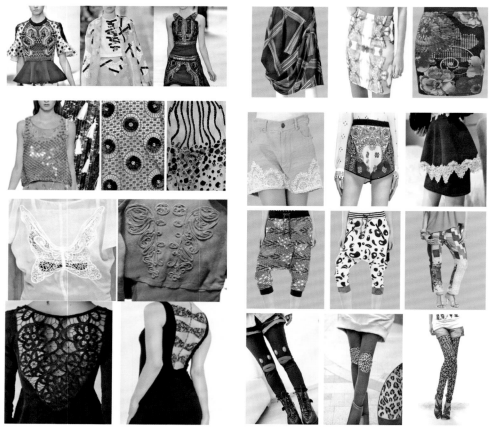

图 5-35　正背面图案　　　　　　　　图 5-36　下装图案

本 章 小 结

　　服饰图案是以装饰、美化服饰为主要目的，所以在设计图案时一定要考虑与服饰的款式和风格相一致。设计精美的图案，不仅要有好的内容，还要有生动的形象、严谨的组织结构和巧妙多变的艺术处理手法，这样才能使图案得到充分、完美的表现，达到最佳的效果。

思考实训题

　　1. 服饰图案的表现技法很多，不同的表现技法产生不同的画面效果，我们在制作图案时如何根据不同的服饰特点来进行图案设计？

　　2. 在设计图案时如何把握服饰局部图案设计与整体设计的关系？

第六章

常用服饰图案应用实例赏析

课程名称

常用服饰图案应用实例赏析

课程内容

男装常用服饰图案应用实例赏析

女装常用服饰图案应用实例赏析

童装常用服饰图案应用实例赏析

上课时数

6 课时

训练目的

让学生了解并掌握服饰图案的不同印染和织造方式对服饰产生的影响，并学会如何识别服饰图案的产生方式。

教学要求

1. 使学生了解服饰图案的产生方法

2. 使学生能根据不同风格的服饰进行图案产生方式的识别

课前准备

欣赏、收集各类型服饰图案的图片资料。

图案在服饰上的应用丰富而频繁，由于图案在面料上的处理方式不同，服饰最终表现出的艺术效果也体现出不同的特色。针对不同的设计、款式的需求、流行的影响，图案在服饰上的应用千姿百态、多种多样。

服饰图案通常有提花图案、印花图案、绣花图案、贴布绣图案、钉珠绣图案、手绘图案、剪纸图案、蕾丝图案等多种类型。

1.提花图案

提花是指将经纱线或纬纱线按照规律要求沉浮在织物表面或交织形成花纹或图案的编织方法，提花工艺的制成品叫提花织物。按照提花的走向可以分为经向提花和纬向提花，面料织造时用经纬组织变化形成花案，纱支精细。单色提花为提花染色面料，先经提花织机织好提花坯布后再进行染色整理，面料成品为纯色；多色提花为色织提花面料，先将纱染好色后再经提花织机织制而成，最后进行整理。所以色织提花面料有两种以上的颜色，织物色彩丰富，不显单调，花型立体感较强。

2.印花图案

印花是织物花纹装饰的重要方式之一，是将染料或涂料在织物上形成图案，属局部染色，要求有一定的染色牢度。印花的方法有很多种，拔染印花、减量印花、皱缩印花、平网印花、圆网印花、颜料印花、锌版印花、滚筒印花、数码印花、喷雾印花、丝网印花、水浆印花、胶浆印花、发泡印花等，这些都是常用的印花方式。

3.绣花图案

绣花，也称刺绣，以绣针引彩线（丝、绒、线），按设计的花样在织物上刺缀运针，以绣迹构成图案或文字。刺绣是我国优秀的民族传统工艺之一。绣花的针法有齐针、套针、扎针、长短针、打子针、平金、戳沙等几十种，还有国外的绣花方式和计算机电脑绣花（采用专业的电脑绣花软件进行电脑编程的方法来设计花样及走针顺序），绣花图案丰富多彩，各有特色。

4.贴布绣图案

贴布绣也称补花，是一种将其他布料剪贴绣缝在服饰上的刺绣形式。中国苏绣中的贴续绣也属这一类。其绣法是将贴花布按图案要求剪好，贴在绣面上，也可在贴花布与绣面之间衬垫棉花等物，使图案隆起而有立体感。贴好后，再用各种针法锁边。贴布绣绣法简单，图案以块面为主，风格别致大方。

5.钉珠绣图案

钉珠绣是将不同材质、不同形状的珠片利用各种手针针法，按照一定的图案花型缝制完好，使图案具有立体感和质感。

6.手绘图案

在素色成品服饰基础或衣片上，根据服饰的款式、面料以及顾客的爱好，画师用专门的服饰手绘颜料绘画出精美、个性的图案。图案的内容也相对丰富，不受制版等影响，可随意选择。

7.剪纸图案

剪纸又叫刻纸、窗花或剪画。区别在创作时，有的用剪子，有的用刻刀，虽然工具有别，但创作出来的艺术作品基本相同，人们统称为剪纸。剪纸是一种镂空艺术，其在视觉上给人以透空的感觉和艺术享受，近年在服饰上也较为常用。

8.蕾丝图案

蕾丝是一种舶来品。网眼组织，最早由钩针手工编织，后用花边织机制造，现在多为经编织机织造。其在晚礼服和婚纱上广泛使用。蕾丝的种类有很多，常用的有提花蕾丝、复合蕾丝、水溶蕾丝、棉感蕾丝、刺绣蕾丝等。

第一节　服饰图案在男装中的应用实例赏析

图6-1　印花图案　　　　　　　　　　　图6-2　胶印图案

图6-3　绣花图案　　　　　　　　　　　　图6-4　数码印花图案

图6-5　色织图案　　　　　　　　　　　　图6-6　编织提花图案（一）

图6-7　编织提花图案（二）　　　　　　　　　图6-8　色织提花图案

第二节　服饰图案在女装中的应用实例赏析

图6-9　蕾丝图案　　　　　　　　　　　　　　图6-10　提花图案

图6-11　印花图案（一）

图6-12　数码印花图案

图6-13　色织提花图案

图6-14　数码印花图案

图6-15　印花图案（二）

图6-16　贴布绣图案（一）

图6-17　贴布绣图案（二）

图6-18　电脑绣花图案

图6-19 钉珠绣图案（一）

图6-20 钉珠绣图案（二）

图6-21 经编蕾丝图案（一）

图6-22 经编蕾丝图案（二）

图6-23　剪纸图案

图6-24　喷绘印花图案

第三节　服饰图案在童装中的应用实例赏析

图6-25　滚筒印花图案

图6-26　胶浆印花图案

图6-27　贴布绣图案

图6-28　色织提花图案

图6-29　数码印花图案

图6-30　印花图案

参考文献

［1］濮微.服装色彩与图案［M］.北京：中国纺织出版社，1998.

［2］田青，张红娟，王霞.纺织艺术设计［M］.北京：中国建筑工业出版社，2012.

［3］周建，于芳.现代图案设计与应用［M］.北京：中国轻工业出版社，2005.

［4］葛自鉴.图案设计构成法［J］.现代艺术与设计，2005（1）.

［5］张树新.服饰图案［M］.北京：高等教育出版社，2007.

［6］孙世圃.服饰图案设计［M］.北京：中国纺织出版社，2009.

［7］徐静，王允，张静.服饰图案［M］.上海：东华大学出版社，2011.

［8］洪波.服饰图案［M］.北京：高等教育出版社，2008.

［9］洪兴宇，邱松.平面构成［M］.武汉：湖北美术出版社，2001.

［10］陈建辉.服饰图案设计与应用［M］.北京：中国纺织出版社，2006.

［11］王鸣.服装图案设计［M］.沈阳：辽宁科学技术出版社，2005.

［12］曹耀明，张秋平.服饰图案［M］.上海：上海交通大学出版社，2004.

［13］宋科新.民族服装服饰文化及其图案图案设计的研究［D］.天津：天津工业大学，2003.

［14］门超.基于进化艺术的边框图案设计研究与应用［D］.济南：山东师范大学，2011.

［15］杨涛，徐人平，王坤茜.玫瑰线函数图形在图案设计中的应用［J］.郑州轻工业学院学报：社会科学版，2008.

［16］陈熊俊.唐代服装图案研究及其设计应用［D］.西安工程科技学院，2004.

［17］聂明燕，张聿.“织成”面料的图案设计方法探讨［J］.丝绸，2009（12）.

［18］刘洋.清代织绣人物图案的民俗意趣［J］.上海艺术家，2011（12）.

［19］李冠雄.论中国传统人物图案之起源［J］.现代装饰（理论），2011（8）.

［20］史林.传统图案演变对当代纺织服装图案设计的启示［J］.浙江纺织服装职业技术学院学报，2006（3）.

［21］乔京晶.中国民族服饰图案的现代运用与发展［J］.山东纺织经济，2012（8）.

［22］韩澄.中国传统服饰中植物图案的典型特征［C］// 民族服饰与文化遗产研究——中国民族学学会2004年年会论文集.昆明：云南大学出版社，2005.

［23］王永健.民间图案在纺织服装产品设计中的运用解析［J］.美与时代（中），2011（5）.

［24］王馨卉.浅论中国传统图案在当代服装设计中的应用与创新［J］.新西部（下半月），2009（8）.

［25］王大凯.中国传统服饰图案研究及在现代服装设计中的应用［D］.苏州：苏州大学，2008.

［26］徐雯.服饰图案［M］.北京：中国纺织出版社，2000.